Principle and Application
of Solar Energy in Organic Wastewater Treatment

# 太阳能处理有机废水
# 原理与应用

谷 笛 纪德强 李丽丽 著

U0213872

化学工业出版社

·北京·

## 内 容 简 介

本书从太阳光全光谱利用的角度出发，结合太阳能热电化学过程两场热-电耦合理论基础，提出一种全新的综合利用太阳能驱动化学反应，建立了太阳能 STEP 光-热-电多场耦合化学过程，并建立了太阳能 STEP 光-电-热三场耦合降解废水模式，高效利用了太阳光谱的全部能量进行有机废水的处理。全书共 7 章，包括绪论、STEP 理论及其研究进展、STEP 有机废水降解模型和理论分析、STEP 两场耦合有机废水降解研究、用于 STEP 有机废水降解的改性 $TiO_2$ NTs 研究、STEP 光-电-热三场耦合有机废水降解研究以及结论与展望。

本书理论与实践相结合，可供环境科学及相关领域科研人员阅读参考，也可供高等学校环境科学与工程及相关专业师生学习参考。

**图书在版编目(CIP)数据**

太阳能处理有机废水原理与应用/谷笛，纪德强，李丽丽著. —北京：化学工业出版社，2022.9
ISBN 978-7-122-41831-9

Ⅰ.①太…　Ⅱ.①谷…②纪…③李…　Ⅲ.①有机废水－废水处理－太阳能利用－研究　Ⅳ.①X703

中国版本图书馆 CIP 数据核字（2022）第 122593 号

责任编辑：董　琳
责任校对：刘曦阳　　　　　　　　　装帧设计：张　辉

出版发行：化学工业出版社（北京市东城区青年湖南街 13 号　邮政编码 100011）
印　　装：北京科印技术咨询服务有限公司数码印刷分部
710mm×1000mm　1/16　印张 12¼　字数 210 千字　2022 年 8 月北京第 1 版第 1 次印刷

购书咨询：010-64518888　　　　　　　售后服务：010-64518899
网　　址：http://www.cip.com.cn

凡购买本书，如有缺损质量问题，本社销售中心负责调换。

定　　价：85.00 元

# 前 言

能源和环境问题一直是制约人类社会发展的两大关键问题，所以以太阳能为代表的清洁能源的开发和利用逐渐成为人们研发的热门领域。但是一直以来太阳能的化学转化利用都是只利用的太阳能光谱中的部分能量，依靠太阳能驱动的化学反应都是基于单场（包括光场、热场和电场）模式进行的，因此太阳能的利用效率一直得不到有效的提高。太阳能利用的基本原则是追求"最佳效率"和"最低成本"。为了能够达到这一目标，科学家们一直寻求最具创新性的技术方法。本书从太阳光全光谱利用的角度出发，结合了太阳能热电化学过程（solar thermal electrochemical process，STEP）两场热-电耦合理论基础，提出并建立了一种全新的综合利用太阳能驱动化学反应的 STEP 光-电-热多场耦合化学过程。该过程的成功应用不仅代表了一种可替代的能源的产生，而且还提供了一种活化反应物分子进行高效和高选择性化学反应的方法。

为了提高太阳能的综合利用效率和全光谱高效利用太阳能能量，本书首先提出了采用太阳能热电两场耦合模式进行有机废水的降解，通过热力学理论计算分析及实验分析，确定了太阳能热-电两场耦合降解的最佳条件，同时考察了在全户外条件下无任何其他能源及物质投入的情况下有机废水的降解效率。在上述基础上，本书将太阳能三场能量（热场、电场、光场）耦合作用于同一有机废水的氧化降解体系中，建立了太阳能 STEP 光-电-热三场耦合降解废水模式，高效利用了太阳光谱的全部能量进行了有机废水的处理。全书共 7 章，是在东北石油大学多位老师的协作下完成的。其中，第 1~3 章由纪德强撰写，第 4、5 章由谷笛撰写，第 6、7 章由李丽丽和臧庆伟撰写。全书由谷笛、臧庆伟负责修改和统稿。

本书是笔者根据多年从事太阳能水处理科研和教学经验，参考国内外该领域的众多科研论文及图书资料编写而成。目前，国内利用太阳能分光谱综合利用处理有机废水的专著较少见，本书既具有较高的理论参考价值，又具有较为广泛的应用价值。本书可供环境科学及相关领域科研部门科研人员阅读参考，也可供高等学校环境科学与工程及相关专业师生学习参考。

本书得到国家自然科学基金（No. 21808030）和黑龙江省重点学科经费的资助。

由于笔者学识水平和时间所限，书中难免有不当之处，还望读者给予批评指正。

谷　笛

**2022 年 4 月**

# 目 录

# 第 1 章
# 绪　论

## 1.1　能源利用与发展

### 1.1.1　能源利用的进程

由古至今，人类社会发展的每一步都离不开能源的开发与利用，人类从学会用火到发明蒸汽机，再到逐渐使用内燃机，发明电力，每一种新能源的成功开发和有效的利用，都会大大加快人类文明的发展步伐，而太阳是地球上所有能源的来源。

人类能源利用的进程如图 1-1 所示。工业革命以后，煤、石油、天然气等化石能源登上了人类历史舞台，并逐渐成为世界能源结构的主体角色。但是由于人类长期对化石能源的过度依赖，造成了矿产资源为代表的能源的过度开采，致使地球上的化石能源日益枯竭，所以寻求一种可以替代化石能源的新型能源，已成为人类亟待解决的重要问题之一。

图 1-1　人类能源利用的进程

## 1.1.2　能源利用的现状

我国经济发展自改革开放以来保持了稳定高速的增长。但是，我国经济的高速增长是以能源消费作为基础的，能源的消耗速率一直居高不下。中国既是能源消费大国也是能源生产大国。中国在能源消耗的问题上主要体现为一次能源消费比例过大。中国能源的消耗主要为煤炭，其次是石油。石油为中国第二大能源，并且其比重在不断增长，天然气消耗比重也在逐年增加。其他能源，比如太阳能、水能、风能、核能等只占很小的比重。在我国的经济发展中，GDP 总量从 1978 年的 3650.2 亿元增长到了 2021 年的 114.37 万亿元，同时人均国内生产总值由 1978 年的 382 元增长到了 2021 年的 80976 元。

随着经济的迅速发展，我国能源利用状况也发生了巨大的改变。这主要体现在总能源消费量过大，但近年来逐渐放缓的趋势。但是由于经济主体量大并且经济结构仍然处在转型期，我国的节能减排技术与世界先进国家技术之间仍然存在差距，目前我国仍然是能源消耗大国，由 1998 年的 136184 万吨标准煤增长到 2014 年的 425806 万吨标准煤，而且近年来这一总量保持逐渐增大的趋势，2021 年已达 52.4 亿吨标准煤。

中国能源消费结构如图 1-2 所示。

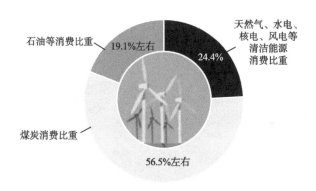

石油等消费比重　19.1%左右

天然气、水电、核电、风电等清洁能源消费比重　24.4%

煤炭消费比重　56.5%左右

图 1-2　中国能源消费结构

我国目前正面临着经济的高速发展与能源供应严重短缺之间的巨大矛盾冲突，同时能源工业的发展也受限于气候变化和节能减排政策的严格控制。大力发展可再生能源和开发新能源是保证能源安全和实现温室气体减排的基本国策。中国非常重视发展可再生能源，把这项工作作为加强能源安全、推动经济发展和应对全球气候变化的根本措施之一。未来几十年，随着能源消费的增长，我国能源的无规划的超量利用所引发的温室气体排放也将处于上升趋势。预计 2050 年基准情况 $CO_2$ 排放量最高会达到 $34.6 \times 10^8 \, t$，低碳情况则有可能将 $CO_2$ 排放量降低 31%。解决 $CO_2$ 减排是应对气候变化最重要的事。所以，当前中国要加快发展可再生能源、新能源，尤其要加大发展太阳能、水电、风电，将太阳能的研究和发展提高到战略高度。

## 1.2　太阳能利用及研究进展

太阳光由不同能量的光子构成，同时它也是具有不同频率和波数的电磁波。太阳光谱包括无线电波、红外线、可见光、紫外线、X射线、γ射线等几个波谱范围。太阳的电磁辐射中 99.9% 的能量都集中于红外区（$>0.76\,\mu m$）、可见光区（$0.4 \sim 0.76\,\mu m$）和紫外区（$<0.4\,\mu m$）。研究表明它们所具有的能量分别占到达地球表面太阳辐射能量的 43%，50%，7%。太阳光谱分布如图 1-3 所示。

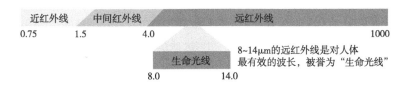

图 1-3　太阳光谱分布（单位：μm）

不同波段的太阳辐射利用方式也不相同。太阳能的热效应主要利用太阳红外波长部分的能量，其转化率为 65%～80%；太阳能的电效应主要利用太阳辐射可见光部分的能量，其转化率为 14%～40%；太阳光的直接利用则取决于光敏材料的开发及应用。光敏材料对太阳紫外辐射吸收的程度不相同，反应的机理也不同，太阳光能直接利用的效率高，可达 93%。对于太阳能-热能及太阳能-电能的转化应用的研究已经比较成熟，而对于光催化材料的开发、负载改性研究等是现今科学研究的热点。

对于太阳能光热效应的研究，研究人员通过对太阳能集热器、太阳能热水系统以及太阳房、太阳灶等的研究，充分利用太阳能红外光谱产生热量并应用于化学反应、热水以及采暖等。

对于太阳能光电效应的研究则更加深入，主要是太阳能光伏电池方面的研究，通过电池材料、电解质体系以及太阳能电池电解槽等方面的研究工作，促进和完善太阳能光伏发电系统。通过调整反应基础条件、修饰电极材料等手段可以实现将太阳能可见光部分能量转化为电能，通过光伏电池获得的电能，具有电量足、可随时使用和随时停止、安全环保、节能等优点，至今仍然是科研工作者研究的热点。

对于太阳能-光能部分的利用，通常是比较直接的，主要是研究对太阳光辐射中紫外光区部分能量敏感的、具有光催化活性的材料，通过吸收或辐射太阳能进行反应。研究主要集中于太阳能通过植物直接光合作用储存能量、光敏材料吸收太阳紫外能量并转化为化学能等过程。Morris D P 等研究了太阳紫外辐射对湖水减少及其溶解有机碳的影响。Neppolian B 进行了太阳紫外辐射诱导光催化降解染料废水的研究，研究表明此项技术将成为纺织废水处理技术的重要组成部分。Häder D P 等研究了紫外辐射对于水生生态系统的影响，证实紫外辐射能够穿透水体，氧化水中的有机物。

然而，太阳能-热能利用和太阳能-电能利用都需要借助中间设备进行能量的转化应用，转化过程中就伴随着很大的能量损失，太阳能-光能利用虽然为直接利用，但由于紫外部分能量只占太阳光谱能量中很小一部分的比例，所以并不能从根本上提升太阳能的利用率，若能够将太阳能光谱的各部分能量结合起来，耦合应用于同一化学反应当中，实现太阳光-电-热能的耦合应用，为化学反应提供充足能源，整个过程不需要额外输入能量来进行有机污染物降解，同时不需要添加其他的化学药剂，则具有重大的研究意义及广阔的应用前景。

## 1.2.1 太阳能热利用

太阳能热利用是太阳能利用的一种，将太阳辐射出来的能量通过太阳能集热器收集起来，通过与介质相互作用将其转化成为热能加以利用，其中最常见的形式就是太阳能热水器，还包括太阳能热发电、太阳房、太阳灶等，太阳能热利用如图 1-4 所示。就当前的技术而言，比较成熟的是太阳能热水器的使用。

太阳能热利用根据其转化后利用温度的不同，可以将其区分为中低温利用（<200℃）与高温利用（≥200℃）。太阳能热水器就是太阳能中低温利用的一种，通常的民用热水器主要是利用水作为介质，将太阳能辐射的能量加以转化用以提高水的温度，以便于居民生活应用，太阳能中低温利用如图 1-5 所示。

**图 1-4    太阳能热利用**

**图 1-5    太阳能中低温利用**

太阳高温利用的主要形式包括太阳灶、太阳能热发电、太阳能冶金等。由于太阳光是呈发散性辐射到地球表面的，所以将太阳光直接通过介质转换加以利用不可能得到大于 200℃ 的温度。为了提高太阳能热利用的范围，同时提高太阳能的转化率，需要将太阳能热利用的温度进一步提高，所以太阳能高温利用的关键就是必须将呈发散性辐射到地球表面的太阳光聚集起来产生更高的光通量。太阳能高温利用如图 1-6 所示。

**图 1-6    太阳能高温利用**

聚光集热器可使通过将太阳光聚焦而获得高温，通用于太阳能热发电站、太阳炉等。为了达到高效利用太阳能的目的，在 21 世纪研制开发的聚光集热器品种很多，但推广应用的程度较中低温热利用装置低。

## 1.2.2 太阳能电利用

### 1.2.2.1 太阳光发电

在半导体界面中有一种光生伏特的效应，而太阳能则是利用这种效应来将光能转化为电能，在利用光生伏特效应进行发电时最重要的配件是太阳能电池。太阳能光伏发电系统利用的原理是光伏效应，其通过配件的设置将太阳能的光子照射在金属配件上，然后通过金属配件的电子原理将其进行光子吸收和转换，使其成为发电使用的光电子。太阳能光伏发电技术是在 1954 年研发出来的，是由美国的恰宾和皮尔松研究出的。光伏发电技术在我国开始应用后发展非常迅速，2020年我国太阳能发电量为 261.6TWh，全球排名第一。

太阳电池多以硅为主要材料，按制作工艺不同可分为单晶硅太阳电池、多晶硅太阳电池、非晶硅太阳电池和薄膜太阳电池。

（1）单晶硅太阳电池

单晶硅太阳电池研发时间最早，其稳定性好、转换效率高，但制备过程中消耗的硅材料较多，因此成本较高，多用于航天事业。

（2）多晶硅太阳电池

多晶硅太阳电池成本低，转化效率较高，生产工艺成熟，占有主要光伏市场，是现在太阳电池的主导产品。

（3）非晶硅太阳电池

非晶硅太阳电池成本低廉、生产效率高，但是其转换效率较低，而且存在光致衰退，这样就大大限制了大规模应用。

（4）薄膜太阳电池

薄膜太阳电池是现在光伏领域研究最活跃的对象，主要研发了非晶硅薄膜电池、微晶硅（纳米晶硅）薄膜电池和硅异质结电池。因为非晶硅薄膜电池能更好地吸收太阳光，具有优良的光电性能，而且在降低成本方面也具有很大的优势，所以很快就在太阳电池和液晶平面显示等光电器件方面得到了广泛应用。

### 1.2.2.2 太阳热发电

太阳能热发电是利用集热器将太阳的辐射能转换为热能并通过热能循环进行

发电。太阳能发电主要有两种方式，一种方式是将太阳能-热能直接转换为电能，如利用半导体或金属材料的温差发电等；另一种方式是太阳能热动力发电，也叫聚焦型太阳能热发电，利用反射镜或集热器将太阳光聚集起来，加热水或其他介质，产生高温高压的蒸汽或热气流以推动热机（如汽轮机）发电，与常规热力发电类似。目前，全世界已建成 10 余个塔式太阳能光热发电试验示范电站。典型的太阳能塔式发电站是西班牙 PS20，太阳能光热发电年效率可达 15%～20%，发电成本为 0.9 元/W。随着未来技术和规模的发展，发电成本预计降低到 0.3 元/W 左右。

（1）槽式太阳能热发电

利用槽型抛物面反射镜将太阳光聚焦后反射到管状的接收器上，并加热管内的传热质使其成为蒸汽，蒸汽在换热时产生高压，然后将高压过热的蒸汽送入蒸汽涡轮发电机进行发电。槽式电站把聚焦器分散布置，使载热介质在单个分散的太阳能聚焦器中被加热成蒸汽，再汇集至汽轮机，槽式太阳能热发电系统如图 1-7 所示。利用槽型抛物面反射镜发电的太阳能热发电站的功率为 10～1000MW。

**图 1-7　槽氏太阳能热发电系统示意**

（2）塔式太阳能热发电

塔式太阳能热发电系统又称集中式太阳能热发电系统，是采用一个吸收器代替热电站的锅炉装置。利用阵列式排列的定日镜矩阵，将太阳光聚集到一个装在中央塔的热交换器中，使热交换器中的传热质产生高温高压的蒸汽，蒸汽驱动涡轮组发电，接收器可以收集 100MW 的辐射，能够产生 1100℃ 左右的高温。塔式太阳能热发电系统如图 1-8 所示。

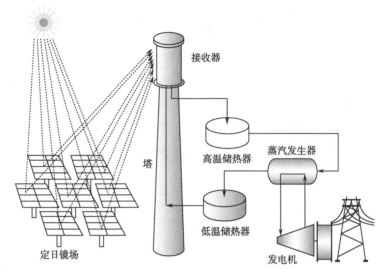

图 1-8　塔式太阳能热发电系统示意

塔式太阳能热发电系统通常可以得到较高的聚光倍数，可达 1000～3000 倍，工作状态时的传热质温度通常大于 350℃，所以也被称为高温太阳能热发电。塔式电站的优点是操作时的温度容易达到工作温度，可以将能量通过集中过程由反射光一次性完成。这种方法简单高效，同时吸收器和散热器面积相对较小，光热转换的效率高。但是目前塔式电站建设成本较高，其中反射镜的费用占整体建设费用的 50％以上。

（3）碟式太阳能热发电

碟式太阳能热发电又称盘式太阳能热发电，是世界上最早出现的太阳能动力系统，也是目前发电效率最高的太阳能发电系统，最大容量为 29.4％。其工作原理是将入射的太阳光汇聚起来在焦点处产生高温用于发电。碟式太阳能热发电可达到最大聚焦比，从而运行温度可达 900～1200℃。在目前的太阳能热发电方式中，碟式太阳能热发电的效率最高，碟式太阳能热发电系统如图 1-9 所示。

图 1-9　碟式太阳能热发电系统示意

利用太阳能光能和热能转化的方式发电，具有与现有电网匹配性好、转化率高的特点，而且来源为太阳能，具有清洁稳定的特质，可以和其他方式相匹配，调节用电高峰时电能缺口，发电设备生产过程绿色环保等优点，成为近年能源开发和应用研究的热点。

## 1.2.3　太阳能光利用

### 1.2.3.1　光电化学利用

光化学反应通常是指原子（团簇）、分子、自由基或离子吸收光子的能量引发的化学反应。光化学反应可引起化合、分解、电离、氧化还原等过程。一般光化学反应大致过程如下。

（1）分子 S 吸收光子能量被激发形成激发态

$$S + h\upsilon \longrightarrow S^*  \tag{1-1}$$

式中　S——一般化学物质分子；

$\qquad h\upsilon$——光子能量；

$\qquad S^*$——激发态分子。

（2）激发态分子 $S^*$ 分解生成新物质

$$S^* \longrightarrow C_1 + C_2 + \cdots  \tag{1-2}$$

式中　$C_1$，$C_2$——激发态分子分解生成新物质。

（3）激发态分子 $S^*$ 与待反应物质 B 反应生成新物质

$$S^* + B \longrightarrow D_1 + D_2 + \cdots  \tag{1-3}$$

式中　B——待反应物质；

$D_1$，$D_2$——激发态分子与待反应物质反应生成的新物质。

（4）激发态分子 $S^*$ 失去能量回到基态分子 S 而发光

$$S^* \longrightarrow S + h\upsilon  \tag{1-4}$$

（5）激发态分子 $S^*$ 与其他惰性分子 M 碰撞失活

$$S^* + M \longrightarrow S + M'  \tag{1-5}$$

式中　M——惰性分子；

$\qquad M'$——惰性分子中间体。

太阳能光电化学利用主要是通过光化学电池来实现的，光化学电池通过吸收太阳能，通过体系中发生的化学变化将其转化为电能。光阳极通常为具有光敏性的半导体材料，在受光激发后，能够产生光致电子和空穴的分离，光阳极和对电极在体系中共同作用，在电解质液中进一步发生一系列的化学反应，电荷向对电极方向转移，对外持续输出电流。目前太阳能光化学电池主要有量子点敏化电池

（quantum dot sensitized cell，QDSC）和染料敏化电池（dye-sensitized solar cell，DSC）等。

DSC 的主要组成部分主要包括光阳极、对电极、电解质液。光阳极的主要材质为导电玻璃或透明导电聚酯片，首先在其表面制备一层具有透光性或者半透光性的纳米结构半导体，如 $TiO_2$、ZnO 和 $SnO_2$ 等，然后在其表面吸附一层染料，染料能够起到拓展吸收太阳光谱范围的作用，它们协同作用组成光阳极，起到载流子分离、转移和传输作用。对电极通常以导电玻璃为基底，在导电玻璃的表面镀上铂、石墨或其他导电聚合物。对电极主要作用是对催化电解质进行催化作用，使其发生氧化-还原反应。常用的电解质液是碘盐溶液，它与光阳极之间的浸润性是影响电池效率的重要因素之一。

由于电解质溶液通常为有机溶剂配制，导致 DSC 的密封成为一个很大的技术难题，近年来开发了一系列的固态电解质和高分子电解液体系来解决电解质的泄漏问题。用固态电解质替代液态的电解质应用于 DSC 可以很大程度上提高电池的稳定性。DSC 的工作原理见图 1-10。

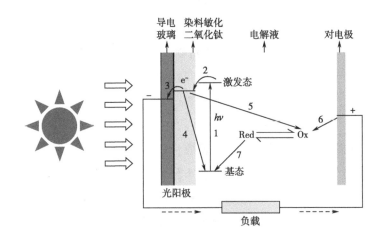

**图 1-10　DSC 的工作原理**

从图 1-10 中可以看到 DSC 的基本工作过程。通过 $TiO_2$ 表面吸附的染料来拓宽 $TiO_2$ 的吸光范围，使其向可见光区拓展。在光照条件下，染料分子吸收光子能量，其电子跃迁至激发态（如图 1-10 中电子途径 1），而激发态的电子通常不稳定，会跃迁回能量较低的 $TiO_2$ 导带使染料被氧化（如图 1-10 中电子途径 2 和 4）；$TiO_2$ 价带（valence band，VB）电子激发到导带（conduction band，CB），产生电子-空穴对（如图 1-10 中电子途径 5）；注入到半导体导带的电子富集在导电基底上（如图 1-10 中电子途径 3），并通过外电路流向对电极，从而使系统产生电流。当染料分子被氧化（Ox）后，会从电解质液中获得电子，还原成（Red）基态得到再生（如图 1-10 中电子途径 6 和 7）。这时电解液中的 $I_3^-$ 被来自外电路的电子还原成 $I^-$，完成了一个电化学循环。当体系处于光照条件下时，光致激发、氧化-还原两个过程循环进行，使 DSC 持续对外供电。

### 1.2.3.2　光合作用

光合作用即光能合成作用，自然界的绿色植物、藻类和某些细菌都可以进行光合作用。通常在可见光的照射下，光合色素会发生光化学反应，将二氧化碳和水合成为自身所需的有机物，同时释放出氧气。光合作用是一系列复杂的代谢反应的总和，是生物赖以生存的基础作用过程，也是地球碳氧循环的最重要的媒介。光合作用是目前人们所知的生物利用太阳能的最直接同时也是最有效的方式。

绿色植物利用叶绿素等光合色素和某些细菌利用其细胞本身将太阳光能转化为化学能，如果能够从机理上研究出光化学转化的基本原理，便可实现人造树叶发电、储能。通过人工的方式实现太阳能光合作用的转化一直以来是人类追求的研究目标，许多关于太阳能光合作用转换的方式和机理正在积极探索、研究中。目前关于人工光合作用的研究已经取得了一定的阶段性成果。在实验室里，人类已经能够利用太阳能人工光合作用制备氢气、氧气和甲酸等，将来可能通过人工的过程，通过模拟光合作用来进行燃料的生产，如甲醇和烃类等，所以利用这种方式制备的燃料也被称为太阳能燃料（solar fuel）。

### 1.2.3.3　光催化

光催化通常应用的是太阳光谱中紫外部分的能量，在紫外光辐射下，半导体发生光生电子和空穴的分离，这种分离后的光生电子和空穴与离子或分子结合，生成具有强氧化性或还原性的高活性自由基，能够将有机物大分子分解成为 $CO_2$ 或其他小分子有机物和 $H_2O$，在催化反应过程中光催化剂本身不发生变化。

半导体光催化剂大多是 n 型半导体材料，常见的光催化剂多为金属氧化物和硫化物，如 $TiO_2$，ZnO，CdS，$WO_3$ 等，其中 $TiO_2$ 的综合性能最好，应用最广。自 1972 年 Fujishima 和 Honda 发现在受辐照的 $TiO_2$ 上可以持续发生水的氧化还原反应以来，出现了大量关于 $TiO_2$ 光催化性能的研究。结果表明，$TiO_2$ 具有优良的抗光腐蚀性和催化活性，而且性能稳定、价廉易得、无毒无害，是目前公认的最佳光催化剂。

$TiO_2$是一种 n 型半导体材料，具有区别于金属或绝缘物质的特别的能带结构，即在 VB 和 CB 之间存在一个禁带（forbidden band，band gap）。常用的宽带隙半导体的吸收波长阈值大都在紫外区域，对可见光的利用有一定的局限性。只有当光子能量高于半导体吸收阈值的光照射半导体时，半导体的价带电子才能够受到光的激发，从价带跃迁到导带，发生带间跃迁，从而产生光生电子（$e^-$）和空穴（$h^+$）。光催化剂机理如图 1-11 所示。

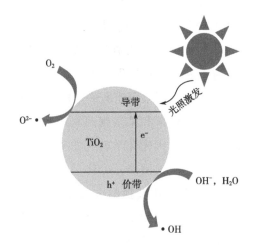

图 1-11　光催化剂机理

此时吸附在纳米 $TiO_2$ 颗粒表面的溶解氧分子俘获电子形成超氧负离子（$O_2^-$），而空穴将吸附在催化剂表面的氢氧根离子和水氧化成氢氧自由基（·OH）。

## 1.3　中国可再生能源发展

### 1.3.1　发展障碍

#### 1.3.1.1　资金短缺

中国为推动可再生能源的发展采取了投资贴息、研究与发展补贴和项目补贴等政策。但与国外相比，我国政府对可再生能源的投入较少，操作措施的力度尚需要加强。由于缺乏足够的开发与研究经费，不少关键性设备不得不进口，如大中型风机仍依赖进口，导致发展缓慢，产业化和商业化程度较低。

#### 1.3.1.2　成本障碍

当前可再生能源的高成本、高价格是制约其技术商业化和推广应用的最大障碍，与同类技术相比，可再生能源生产成本比化石燃料高得多。例如燃煤发电成本为 1 元，则小水电发电成本约为煤电的 1.2 倍，生物质发电（沼气发电）成本为煤电的 1.5 倍，风力发电成本为煤电的 1.7 倍，光伏发电成本为煤电的 1.8 倍，从而大大削弱了可再生能源的经济竞争力。导致生产成本居高不下的原因很多，其中生产制造技术滞后、生产规模小是最主要的原因。

#### 1.3.1.3　市场障碍

由于缺乏有力宣传和相关信息，也由于可再生能源的季节性和非确定性等特征，限制了其市场的迅速发展。虽然部分新能源和可再生能源产品已经制定了一系列相关标准，但整体上缺乏系统的技术规范，尤其是缺乏产品质量国家标准和认证标准以及相应的质量监督体系，从而影响市场的开发和扩大。现在可再生能源仍需要避免常规能源直接竞争，但是缺乏竞争又会使可再生能源过高的价格长期得不到降低，因此要采取适当的市场发展机制，促进可再生能源的发展。

#### 1.3.1.4　政策障碍

目前可再生能源产业处于商业化发展的初期，其开发利用存在成本高、风险大、回报率低等问题，投资者往往缺乏投资的经济动因，因而可再生能源的开发利用不可能依靠市场自发形成，必须依靠政府积极的推动。过去十多年，可再生能源相关的主管部门曾制定并出台了一些促进可再生能源发展的政策，但是随着体制改革的发展，很多管理机构随之变化，致使一些政策失效。今后我国可再生能源能否出现突破性发展，形成规模效益，关键就在于政策的支持，特别是市场开拓方面的政策的支持。

### 1.3.2　发展战略

中国可再生能源发展战略可归纳为：政府引导与支持；法律保证，制定可再生能源法规和扶持政策；依靠科技，强化创新。

### 1.3.2.1　政府引导与支持

政府的引导与支持包括实行促进可再生能源发展的强制市场政策和经济激励政策。我国政府要从能源安全、经济安全、国家安全的高度来制定新能源产业发展规划和产业布局政策，同时，政府相关部门要加紧制定落实对可再生能源设备生产进行补贴的实施细则，加速设备本土化进程。此外，我国还应建立一个强有力的行政管理和协调部门，统筹能源产业规划的制定、产业结构的调整和产业政策的实施。在国家投融资体系中建立可再生能源专项资金，用于可再生能源的研究开发、投资补助、价格补贴和宣传教育等方面。此外，对化石能源资源实行有偿使用；提高生态破坏、环境污染罚款的额度；将常规能源的社会成本转化为商品成本，逐步建立起相对公平的价格形成机制。

### 1.3.2.2　法律保证

早期各国发展可再生能源都是首先发展技术，一旦技术成熟，就转向示范和降低成本并开拓市场。近年，一些国家通过立法，强制电力公司供应或购买再生电力。我国已颁布了《中华人民共和国可再生能源法》（本书简称可再生能源法），在此基础上应尽快制定有关实施细则和相关政策，以此协调各方关系，规范能源市场，保障可再生能源有相对公平的市场环境，引导和激励各类经济主体积极参与可再生能源开发和消费，引入竞争，规模化发展。实现规模化产业发展，必须依靠市场的作用，在政府的引导下，加快制定相关的标准，建立质量保证和监督体系，对市场进行规范，通过行业内部的有序竞争，优化资源配置，选择有市场前景的技术予以重点扶持，使科技成果迅速转化为生产力，形成产业。

### 1.3.2.3　依靠科技

我国目前风力发电、太阳能发电技术学科综合性较强，可由国家安排资金，引导高等学校、科研机构、设备制造企业和发电项目投资企业组成产、学、研、用相配套的研发应用链，加大科技投入，同时，必须不断创新、自主研发，研究开发具有自主知识产权的可再生能源技术，技术路线上要以发电、供气和提供液体燃料为主线，要加强太阳能利用关键技术系统及降低系统成本的高风险项目研发。

## 1.3.3 发展政策

目前我国可再生能源进入规模化和商业化过程中主要的政策措施体现在以下方面。

### 1.3.3.1 加强立法

以《可再生能源法》为基础，逐步完善《可再生能源法》细则，适时出台与《可再生能源法》相配套的行政法规、行政规章技术规范以及相应的发展规划，批准和颁布可再生能源利用促进法，把鼓励可再生能源技术的研究、开发利用的政策用法律形式确定下来。主要包括可再生能源技术研究、开发与商业化过程中资金投入、价格优惠、税收减免等方面的规定；确定可再生能源的主管部门和监管机构及其相应的职责权利和义务；规定可再生能源发展的地区政策。

### 1.3.3.2 提供资金保障

在国家投融资体系中建立可再生能源专项资金，用于可再生能源的研究开发、技术推广、标准制定、投资补助、价格补贴和宣传教育等方面。另外，将可再生能源的发展纳入财政预算，由国家和地方财政同时提供资金的保障。

### 1.3.3.3 逐步形成产业体系

建立健全可再生能源的产品标准和检测标准体系，建立国家级的可再生能源设备检验中心和产品认证体系，以有利于设备国产化的质量保证。在国家高技术产业化和重大装备扶持项目中支持可再生能源的科研开发和成果转化设施，增强以国内制造设备为主的装备能力。政府有计划地组织大型可再生能源项目，保证可再生能源在相当长的期间内能够积累和形成一定的市场规模。与此同时，对于可再生能源进入市场所遇到的一系列问题制定行之有效的市场开拓政策，要鼓励外资和民间资本进入可再生能源产业，实现装备制造本地化，从而降低成本。

## 1.4 本章小结

由于传统化石能源的消耗不断增加以及由此带来的温室效应等环境问题，寻找清洁的、可持续的新能源来代替化石能源已成为人类亟须解决的问题。传统意义上的清洁能源包括：太阳能、风能、生物质能、水能、地热能、海洋能等，其中因太阳能具有储量巨大、安全、清洁等的特点，使其最有可能成为未来大规模应用的清洁能源之一。

太阳能多场化学过程利用全谱段的太阳能分解环境稳定分子，制取社会所需的化学产品同时不产生二氧化碳，从根本上解决人为因素造成的全球气候变暖问题，为节能减排、二氧化碳资源化、太阳能综合利用提供新途径。太阳能多场化学过程具有高效、节能、安全的特点，太阳能全光谱转化光-电-热综合利用是一项具有革命性、突破性的技术，是世界能源发展战略的重要一环，是低碳时代世界经济实现可持续发展的必然选择。

# 第 2 章
# STEP 理论及其研究进展

## 2.1 STEP 理论

随着能源供应持续紧张，碳减排和环境保护压力越来越大，能源和环境问题仍是世界经济可持续发展所面临的重大问题，太阳能这种绿色能源、自然能源将会成为未来低碳时代能源开发的战略目标。当前太阳能利用最活跃，并已形成产业的主要有太阳能热水器、太阳能制冷、太阳能热发电（能源产出）和建筑用能（终端直接用能）等。Licht 等首次结合了太阳能光热技术和光电技术各自的优点，提出了综合利用太阳能光热、光电效应的太阳能热电化学过程（solar thermal electrochemical process，STEP）理论，将两者以一定的比例耦合作用于反应，实现高效的太阳能化学利用过程从而提高太阳能转化效率。

STEP 理论起源于利用太阳能热场和电场协同作用于化学反应时，太阳能光伏作用于化学反应的效率高于普通光伏单独作用的效率，而过程中所利用的太阳光谱能量均来自于同一束光，分别转化利用了太阳光谱红外和可见光波段的能量。其实质是利用太阳能全光谱及其光-电-热三场能量共同作用协同来驱动化学反应过程，并且根据化学反应特征、通过光、热与电的调节来降低驱动化学反应所需的总能量。

STEP 过程可以通过升高反应体系的温度来改变反应的氧化还原电位，不仅能够利用太阳能光催化和太阳能电能转化的能量，还能够利用太阳能热能部分能量，实现太阳光的全谱段利用以及其相应的三级作用以实现纵向和横向的耦合匹配，进而大幅地提高整个系统的太阳能转化率和利用率（化学反应利用率）以及产物能量储存率。

传统的太阳能只能单独利用光热、光伏和光化学单元，不能将它们协同作用，而 STEP 过程则可同时耦合利用。STEP 通过升高体系温度改变氧化还原电位来匹配禁带宽度，该过程不仅利用了太阳光可见区和紫外区（短波长）部分，还利用了红外区及远红外区（长波长），实现了太阳光全谱段的利用，从而大幅提高系统的太阳能利用效率。图 2-1 给出了光伏法与 STEP 过程的能级图比较。

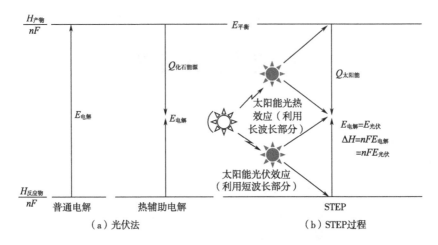

**图 2-1　光伏法与 STEP 过程的能级图比较**

从图 2-1 中可看出，光伏法驱动电解反应若不借助化石能源燃烧热很难达到反应所需能量，而利用太阳能光-热效应和光-电效应的转换，以次级的热化学/电化学反应，其核心是热/电耦合化学反应，高效地进行热辅助电化学反应或电辅助热化学反应的 STEP 过程则具有足够的能量。

### 2.1.1　STEP 炼铁

钢铁产业是全球国民经济的重要支柱产业，也是资源能源密集型行业，钢铁行业消耗大量的化石燃料，是温室气体的主要来源之一。为缓解钢铁工业巨大的二氧化碳减排压力，人类亟须加强技术创新，以确保全球钢铁工业的可持续发展。太阳能 STEP 炼铁技术首次实现了利于太阳能作为能源，无碳过程的炼铁方法。这在国际上是首例，被英国皇家化学会及许多国际媒体称为是一种革命性的、突破性的炼铁技术。

传统的炼铁方法实质上是将铁从其自然形态——矿石等含铁化合物中还原出来的过程。炼铁方法主要有高炉法、直接还原法、熔融还原法等，其原理是矿石在特定的气氛中（还原物质 CO、$H_2$、C；适宜温度等）通过物化反应获取还原后的生铁。生铁除了少部分用于铸造外，绝大部分是作为炼钢原料。高炉法是高炉内连续生产液态生铁的方法。它是现代钢铁生产的重要环节。现代高炉炼铁是出古代竖炉炼铁法改造、发展起来的。尽管世界各国研究开发了很多炼铁方法，但由于此方法工艺相对简单，产量大，劳动生产率高，能耗低，故高炉炼铁仍是现代炼铁的主要方法，其产量占世界生铁总产量的 95％以上。

　　一代高炉（从开炉到大修停炉为一代）能连续生产几年到十几年。生产时，从炉顶（一般炉顶是由料种与料斗组成，现代化高炉是钟阀炉顶和无料钟炉顶）不断地装入铁矿石、焦炭、熔剂，从高炉下部的风口吹进热风（1000～1300℃），喷入油、煤或天然气等燃料。装入高炉中的铁矿石，主要是铁和氧的化合物。在高温下，焦炭中和喷吹物中的碳及碳燃烧生成的一氧化碳将铁矿石中的氧夺取出来，得到铁，这个过程叫做还原。铁矿石通过还原反应炼出生铁，铁水从出铁口放出。铁矿石中的脉石、焦炭及喷吹物中的灰分与加入炉内的石灰石等熔剂结合生成炉渣，从出铁口和出渣口分别排出。煤气从炉顶导出，经除尘后，作为工业用煤气。现代化高炉还可以利用炉顶的高压，用导出的部分煤气发电。

　　利用 STEP 过程冶炼金属可以克服传统金属冶炼的缺点，反应过程中所需要的热能和电能均来自于太阳能，主要利用太阳能的光热效应和光电效应，即利用太阳能一级的光效应，二级的光热效应、光电效应，以及三级的电化学效应，将铁矿石在溶煤下进行高温熔融（光热效应），然后电解（光电效应和电化学效应）还原成铁。该系统的能量全部来自太阳能，无任何二氧化碳排放，具有高效，无碳排放、节能、安全和可持续的特点，对于温室气体减排和改善气候变暖有着重要的意义。

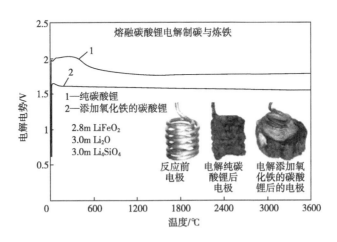

**图 2-2　STEP 过程恒电流条件熔融碳酸锂电解制碳与炼铁电势对比**

　　如图 2-2 所示，太阳能无碳炼铁过程中，阳极采用 $28cm^2$ 镍片，阴极采用直径为 1.5mm、面积为 $14cm^2$ 螺旋铁丝，发生的主要反应见式（2-1）～式（2-3）。

$$Fe_2O_3 + Li_2O \longrightarrow 2LiFeO_2 \tag{2-1}$$

$$2LiFeO_2 \longrightarrow 2Fe + Li_2O + 3/2O_2 \tag{2-2}$$

$$总反应：Fe_2O_3 \longrightarrow 2Fe + 3/2O_2 \tag{2-3}$$

采用聚光型太阳能电池驱动 $Li_2CO_3$ 电解池，进行无碳炼铁反应时，其太阳能转化效率可达 37％。过去氧化铁在熔融碳酸盐中的溶解度非常低，且不随 $Li_2CO_3$ 和 $K_2CO_3$ 在混合物中所占比例的不同而变化。无碳炼铁反应中，$LiFeO_2$ 被还原为 Fe 同时释放出 $Li_2O$，而 $Li_2O$ 的存在又促进了 $Fe_2O_3$ 的不断溶解使 $LiFeO_2$ 再生，最终表现为将氧化铁还原为铁，同时过程中不产生 $CO_2$ 排放。此外，由于无碳炼铁反应吸热，其电解电势随温度的升高逐渐降低。因此，在高温、高浓条件下进行的 STEP 无碳炼铁反应所需的电解电势远低于在室温条件下将 $Fe_2O_3$ 转化为铁和氧气所需的电势。当存在外部热源时（如太阳能），新的合成途径所节省的能量相当可观。

## 2.1.2　STEP 制氢

氢能是一种二次能源，具有密度高、能量高、热转化效率高、输送成本低、对环境无污染等优点，是未来最具竞争力的能源之一。随着新能源技术的发展，利用太阳能制氢已成为国际社会共同努力的目标。目前，研究太阳能制氢的方法主要有光伏法、光热法、光合成法、光电化学法等。STEP 制氢主要利用 STEP 过程光解水制取氢气，通过分离太阳光谱能量，收集太阳红外光转化为热能用于供热，同时将可见光用于照射半导体光伏电池，产生电能并应用于水的分解转化过程，将太阳能应用于氢气的转化和制备，能够大幅度的提高太阳能的利用效率，而且由于过程中降低了电解所需电压，同时也提高了分解水产氢的效率。

图 2-3 和图 2-4 中对太阳能制氢热力学的可行性进行研究得出，在熔融氢氧化钠介质中水的分解电势会随着温度的升高急剧降低。从图中可知，500℃熔融氢氧化物为电解质，3 个串联的 Si 基太阳能电池板能够轻易驱动两个串联的电解池分解水制氢。同直接热分解法、热化学循环法制氢相比，该体系在一定程度上克服了温度的限制，并汲取了光热法、光伏法、光电化学法制氢的优点。理论上，如果仅利用太阳光中红外区部分给传统太阳能电池供热，在热力学上显然是不够的，因此研究光伏及光电化学法制氢时一般不考虑太阳能热效应的影响；而该复合体系同时实现了太阳光中红外区部分的利用，通过光谱分离，低带隙的光强（热量）用于供热，高带隙的光强用于照射半导体而产生光伏效应或光电化学效应，

从而提高了太阳能的利用效率和制氢效率。

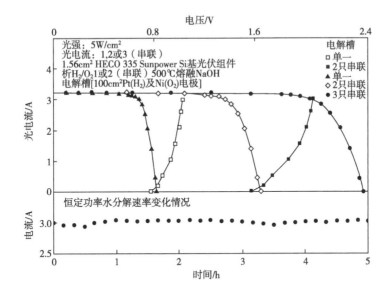

图 2-3　STEP 制氢过程的光伏及电解电荷移动

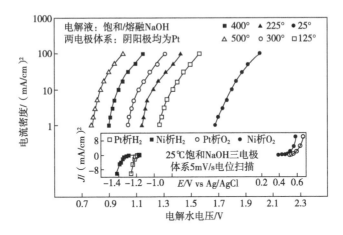

图 2-4　以饱和 NaOH 溶液或熔融 NaOH 为电解质测得的水电解电势

## 2.1.3　STEP 碳捕获

$CO_2$ 是环境稳定分子、不可燃,其热力学稳定性使得各种化学转化利用极为困难且耗能巨大。为解决大气中 $CO_2$ 含量上升问题,对分解二氧化碳的研究虽起步较晚却发展迅速,其中包括光电化学、电解、热解等途径的研究。

　　STEP 碳捕获过程同时利用太阳能的光热效应与光电效应，协同作用于电化学反应，其核心是通过高温电解反应，将原本环境稳定的 $CO_2$ 还原为 C 单质或 CO 气体，太阳能光热效应不仅能够降低 $CO_2$ 吸热转化所需的能量，同时还能促进 $CO_2$ 转化的光电效应。该过程太阳能的光热效应不仅能够降低二氧化碳吸热转化所需的能量，同时还能促进它的光电效应发生。该过程用熔融碳酸锂作为该过程光电单元的高效媒介。如图 2-5 所示，利用 STEP 技术在 750℃、较低的电解电势下，二氧化碳被熔融碳酸锂吸收并还原为固态碳（外貌形态如图 2-2 中电解纯碳酸锂后的电极）。热力学计算及实验结果均表明该技术利用熔融碳酸盐进行碳捕获的能耗较低。该过程是一个高效、可持续的"太阳-$CO_2$-燃料"的可循环绿色过程，同时也为 $CO_2$ 的资源化利用、温室效应的控制及节能减排提供新途径。

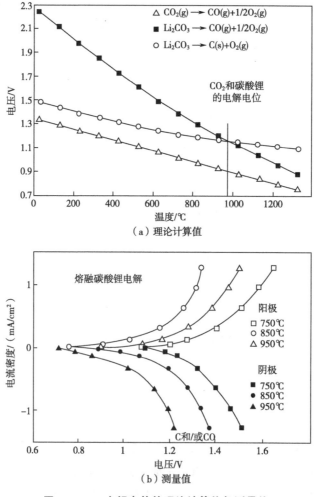

图 2-5　$CO_2$ 电解电势的理论计算值与测量值

## 2.1.4　STEP 有机合成

STEP 有机合成利用 STEP 过程一步法有机合成，利用太阳能及其多种转化形式作为全部能量的来源，为有机合成提供了一条绿色、高效、节能、环保的路径，具有广阔的应用前景。

STEP 理论应用于氧化甲苯合成苯甲酸，并采用恒电位电解法研究了甲苯在硫酸-表面活性剂溶液中的高温电氧化。结果表明，以石墨作为阳极材料可实现氧化甲苯合成苯甲酸的反应，且随着反应温度的升高，苯甲酸的产率增加且选择性高，满足合成的需要。当反应温度为 90℃、电解电压为 2.0V 时，苯甲酸的产率达到 51.6％。甲苯氧化的反应机理为连续的自由基反应，在太阳能集热（温度的升高）及太阳能发电（电解）的协同作用模式下，反应不需要其他的能量输入，而且不产生污染物，符合绿色合成和节能的思想，为苯甲酸的绿色高效合成提供了新途径，也为太阳能综合利用提供了新思路。

图 2-6 为在 STEP 模式下甲苯直接电氧化合成苯甲酸可能的反应机理。太阳能可同时为系统提供热能和电能，为甲苯的氧化提供充足的能量。在硫酸-表面活性剂溶液中，甲苯的氧化是以阳极电子转移 和自由基正离子的形成开始的。在阳极表面，甲苯首先失去 1 个电子，形成苄基自由基，然后失去 1 个 $H^+$，与溶液中的 $OH^-$ 结合，生成苯甲醇。苯甲醇的氧化电势低，容易被氧化，接着失去 1 个 $H^+$，再次与溶液中的 $OH^-$ 结合，由于 1 个 C 原子上连接 2 个—OH 为不稳定结构，2 个—OH 极容易结合失去一分子 $H_2O$，进而生成苯甲醛。重复同样的过程，苯甲醛在电场的作用下最终被氧化生成稳定的产物苯甲酸。实验结果表明，随着温度的升高，反应进行得更加充分，有更多的苯甲酸生成。通过 GC 检测产物组

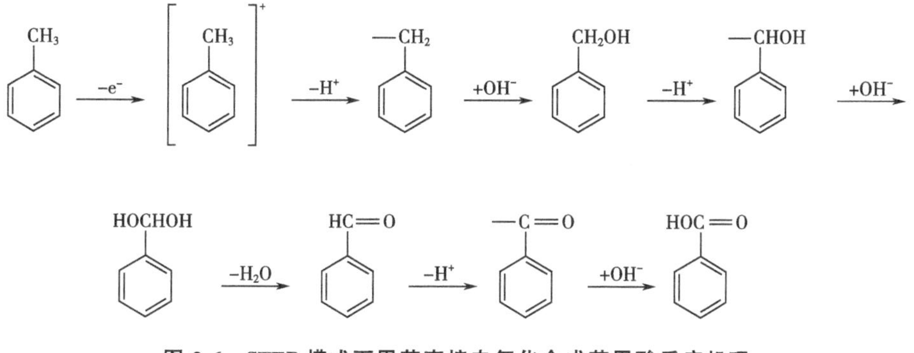

**图 2-6　STEP 模式下甲苯直接电氧化合成苯甲酸反应机理**

成，证实中间产物为苯甲醇和苯甲醛，这与反应机理相一致。甲苯在硫酸溶液中的电化学氧化过程是氧化步骤发生在电化学步骤之后的随后化学反应。

### 2.1.5　STEP 煤清洁转化

STEP 煤清洁转化通过太阳能 STEP 过程提高煤的能源品味，实现煤利用的高效清洁化。据此，提出太阳能 STEP 高效煤转化系统，该系统的能量全部来自于太阳能，体系内无须任何外加能源，由于 STEP 过程同时利用太阳能光热与光电两种效应，可以大大提高系统对于太阳能的利用效率，此系统构成完美的太阳能到太阳燃料的转换，是一种绿色高效的太阳能转化与储存系统，具有高效、清洁、绿色、安全和可持续的特点，通过对理论的分析以及热力学计算，证明了太阳能 STEP 煤转化过程的可行性，并确定了实验的考察因素。在理论研究的基础上，分别对太阳能 STEP 煤清洁脱硫以及 STEP 煤转化过程进行了实验研究，并在实验研究的基础上提出与构建了 STEP 煤清洁转化系统，通过计算转化系统的太阳能转化效率以及太阳能-化学能转化率（太阳能燃料转化率）证明太阳能 STEP 煤清洁转化系统是一个结合了高效太阳能转化和太阳能储能的新途径。

对反应过程进行理论分析，通过对反应过程的分析与归纳，进行煤热裂解转化与太阳能 STEP 热电耦合转化比较，转化过程如图 2-7 所示。

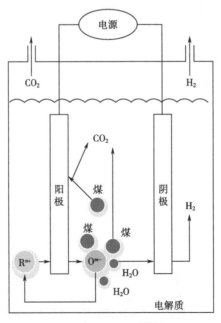

**图 2-7　太阳能 STEP 煤转化过程**

结果表明，相比太阳能热效应作用于煤转化，太阳能热电耦合过程更加能够促进煤向所希望的方向进行转化，并且氧化效果更佳，伴随热电耦合过程可以得到丰富的气态及液态产物，其中包括重要的新能源-氢能。煤的转化反应为十分复杂的吸热和放热反应，所以煤转化的反应不能自发进行，需要有外界能量输入完成反应，判断可以应用太阳能 STEP 理论进行煤转化反应。采用太阳能 STEP 过程驱动煤的清洁脱硫过程，通过太阳能热-电两场耦合的模式进行在高温环境下的电化学脱硫反应。STEP 煤脱硫过程在氧化脱硫的同时还生成了一种具有经济性的附加产物——氢气，作为反应的附加产物，氢气的产量随着反应的温度与电解电势的增加而增加，在保证脱硫率的同时可以收集到十分可观的氢气。

通过实验研究数据对太阳能 STEP 热-电化学耦合煤转化过程中的太阳能转化效率以及太阳能-化学能的转化效率分别进行了计算。结果表明太阳能的转化效率为 17%，实验室利用的太阳能转化效率较低，通过改变转化方式可以大大提高该效率。对于全光谱的太阳能转化过程，其中光电转化效率在 26%～28%，光热转化效率为 45.5%～46.5%，其综合转化效率达到 72%。通过对产物能量的计算得到，太阳能-化学能转化的效率为 11.86%，该效率较传统的太阳能-化学能转化效率有了较好的提高。以实验数据以及太阳能 STEP 煤清洁转化机理的研究为基础，对太阳能 STEP 煤清洁转化系统进行构建，将系统主要分为太阳能转化、化学能转化（热电化学转化）、余热回收三个结构单元。并对三个单元之间的能量流动进行了研究，并根据能量流动的特点设计了太阳能 STEP 煤清洁转化系统的工艺参考图。对于后续的系统工艺设计以及实验装置放大具有重要的参考价值。

## 2.2 有机废水分类及处理方法

有机物是对水质和水生态环境影响最严重的污染物之一，有机物污染是目前全球水污染最典型的特征，不仅带来了一系列的环境问题，还严重危害人们生活和身体健康。因此，有机废水的治理已经成为现阶段环境保护领域亟待解决的问题。

### 2.2.1 染料有机废水

染料废水中包含许多污染物，主要有各种纤维材料、加工时所添加的化学药剂、染料、浆料及各种整理剂等，其中，被直接排放的染料超过 30%。由于这些染料在水中溶解度较高，其混凝脱色率只有 10%～30%，因此，就目前来讲，染料废水是中国主要有危害、难处理的工业废水之一。目前使用的染料有数万种，世界各国大量生产的染料在两千种左右，在这些染料的生产过程中，由于工艺复杂、产量低、副反应多，使得生产过程中产生大量的废水，这些废水成分复杂，对人体及周围的环境有很大的危害。

自 1865 年苯胺紫被发现可以应用于染料化工以来，合成染料的应用范围逐步扩大，遍及印染、纺织、造纸等众多行业。染料按其化学结构不同可分为偶氮染料、二苯乙烯染料、蒽醌染料、三苯甲烷染料、靛属染料、苯乙烯基染料等。

染料从原料、中间体到产品的生产过程是由多个单元操作组成的，在主要的反应、分离及提纯单元基本都是以水作为溶剂，整个工艺流程长，生产工艺复杂，副反应较多，因此转化率和产品收率普遍比较低，一般成品的收率仅为 30% 左右。同时，染料化工行业具有产量小、品种多、产品更新快等特点。据不完全统计，我国印染废水的排放量为 $3\times10^6\sim4\times10^6\ m^3/d$，占全国工业废水总排放量的 35%，仍以 1% 的速度逐年增长，而且废水中有机污染物浓度高、成分复杂、色度大。染料及其中间体生产的原材料一般为苯、萘、蒽醌类有机物，或是芳族化合物，苯环上的氢通常被硝基、卤素、氨基取代后生成芳族硝基化合物、芳族卤化物、芳族胺类化合物等多苯环的取代化合物，其毒性较大，虽然不如农药急性毒性强，但在蒽醌染料、偶氮染料、三苯甲烷染料中都已发现具有致突变性和致癌作用的物质，因此染料废水对环境的负面影响不仅仅在于其色度和 COD，更在于其对动植物潜在的健康危害。为此，发达国家环保部门对各染料的生产厂家排放废水的毒性限定了严格的要求。

就目前来讲，染料废水是中国主要有危害、难处理的工业废水之一。目前，能够用于染料废水的脱色降解处理法有物理方法、化学方法、生物方法。其中常见的染料工业废水处理具体方法如物理吸附法、化学絮凝法、生物处理法、电化学法和化学氧化法等。还有一些其他方法，例如辐照技术和膜分离技术等方法也在推广应用过程中。为了对印染废水进行深度处理，一般以生物法为主，对于难以生物降解的印染废水，采用厌氧与好氧联合处理法更加合适，对于容易生物降解的印染废水，可利用简单的生物处理法。一般采用物理化学降解法处理印染废水色度。

## 2.2.2 石油化工行业有机废水

石油化工是高污染行业，随着石油化工行业的发展，其废水排放问题也日渐突出，基于技能环保理念下，有关部门以及石油化工企业要极大相关技能技术的研究与开发，力求减少环境污染问题与废弃物排放量。废水排放是石油化工企业亟待解决的主要问题，废水循环利用既可以解决污染问题，又可以促进水资源的循环再用，是目前我国石油化工行业废水处理的主要方向。石油化工工业是用石油或天然气为主要原料，经过裂解、分馏、重整、精炼、合成等不同的生产单元，生产各种化学纤维及化肥、有机化工原料、石油产品的工业，在产品的生产过程中产生的废水大多成分比较复杂，且有机污染物含量较高，废水水量大，大多为酚类、硫类、苯系类、氰化物等有毒物。据不完全统计，石化废水的排放量是整个工业污水排放总量的 10% 左右，成分复杂，处理难度非常大，给水体造成极大的危害。

石油化工企业具有庞大的生产系统，大致分为炼化厂、乙烯厂、涤纶厂、化工厂、腈纶厂等主要生产部门，主要涉及石油的炼化、重整和合成等领域。石化企业的运行系统需要大量的水资源来支撑，其中包括厂区的生产工艺用水、循环冷却水、生活用水、污水处理用水等，整个体系的运转时时刻刻都需要新鲜水资源的补给，同时也会产生大量的生活以及生产废水，生产过程中必须保证这些生产以及生活用水得到有效供应，同时所产生的污水需要达到国家规定的排放标准。石油化工高浓度有机废水具有较多的特点，主要体现在以下几个方面。

① 高浓度废水的有机物浓度相对较高，如 COD 的含量可以达到 2000mg/L 以上，部分地区的水质甚至达到几十万 mg/L，严重影响环境的质量，同时化工高浓度有机废水中，含有 BOD，其与 COD 的比值约为 0.3 左右，但是在庞大的基数下，仍然具有较高的含量。

② 高浓度有机废水的成分相对较为复杂，其含有毒性和芳香族化合物，部分废水中含有重金属和有毒物质，一旦生物饮用，将会造成死亡或者变异，严重破坏生态系统的平衡性。

③ 化工高浓度有机废水具有异味，散发刺鼻的恶臭，对环境造成较大的影响，因此，探究化工行业高浓度有机废水处理技术具有重要的意义。

## 2.2.3　精细化工行业有机废水

精细化工是当前化学工业中最具有活力的新兴领域之一，也是新材料研究的重要组成部分。精细化工产品用途广、种类多、附加值高，直接服务于关乎国民经济发展的诸多行业以及高新技术产业的各个领域。人类的生产和生活都离不开精细化工产品。

精细化工大体可归纳为：农药、香料与香精、造纸助剂、皮革助剂、化妆品与盥洗卫生品、肥皂与合成洗涤剂、黏结剂、感光材料、磁性材料、石油添加剂及炼制助剂、水泥添加剂、水处理剂与高分子絮凝剂、合成材料助剂、动物用药、表面活性剂、印刷油墨及其助剂、油田化学品、矿物浮选剂、合成润滑油与润滑油添加剂、工业防菌防霉剂生物化工制品、汽车用化学品、铸造用化学品、金属表面处理剂等 40 多个行业和门类。因此，精细化工工业生产的有机废水种类繁多，处理工艺复杂。

精细化工废水大多数为不同污染物混合而成，属于难降解、水质杂、有毒性的废水，其主要特点如下。

（1）COD 高

原料反应不完全或溶剂进入废水导致 COD 浓度高；

（2）$NH_3$-N 高

氨水的使用及苯胺等含氮有机物的转化导致 $NH_3$-N 浓度高；

（3）盐分高

废水盐量一般大于 35g/L，以 Cl 和 $Na^+$ 为主；

（4）色度高

废水中物质常含有助色基团（—NHR、—$NH_2$、—$CH_3$、—SH、—$NR_2$ 等）、生色基团（—CH＝CH—、—CHO—、—$NO_2$、—COOH 等）和络合反应生成的显色离子团；

（5）有毒/难降解物含量高

废水常含氯代苯系、甲氧苯系、腈、吲哚及喹啉等，此类有机物多含苯、杂环和卤素元素，化学性质稳定，易生物富集制毒。

关于难降解精细化工废水深度处理的研究越来越多。诸多学者从物理、化学和生物多方面探索解决难降解精细化工废水的处理技术，也取得了十分显著的成果。如何能够保证物理法的简单通用、化学方法的高效经济以及生物方法的稳定快捷是近一段时间内急需解决的问题。未来可从设备材质优化、工艺参数优化、新技术研究三方面突破，为保证降解精细化工废水稳定达标而努力。

## 2.2.4 其他化工行业有机废水

### 2.2.4.1 制药行业

化学药品的生产过程是由药物制剂生产和原料药生产组成，原料药一般可以由两种方式获得，一种就是采用化学方法合成，另一种就是通过对药用植物的分离和提纯。整个的生产过程具有的特点是：工艺复杂、生产流程长，生产过程的中间体及产品质量标准高，原辅材料种类多，物料净收率较低，对原料和中间体严格控制质量，副产品多，三废多。制药工业废水主要有合成药物生产废水、中成药生产废水、抗生素生产废水以及各类药物制剂生产所需的洗涤水和冲洗废水四大类。

#### 2.2.4.2　煤化工行业

煤化工企业所排放的废水主要是高浓度的煤气洗涤废水，其中含有大量酚、氰、氨氮、油、多环芳香族化合物等其他有害物质。综合废水的 $COD_{Cr}$ 一般是在 5000mg/L 左右、氨氮量一般在 $200\sim500$ mg/L 范围内，是难降解的有机化合物的工业废水。

#### 2.2.4.3　焦化行业

焦化废水主要产生在炼焦和制气工艺车间，废水的排放量很大、水质成分相对比较复杂，除了存在氰、氨、硫氰根等无机污染物外，还含油类、喹啉、吡啶、酚、萘、蒽等杂环及多环芳香族化合物，多环芳香烃不但难被生物降解，通常还会致癌。

## 2.3　典型含 SDBS 有机废水处理技术进展

十二烷基苯磺酸钠（sodium dodecyl benzene sulfonate，SDBS）又称四聚丙烯基苯磺酸钠，通常为白色或淡黄色的粉状或片状固体。是一种重要的表面活性剂，具有分散、渗透、起泡、乳化、增溶、润湿等性能，小用量下就能有效降低表面张力，被广泛应用于国民经济的各个领域。

SDBS 难挥发，易溶于水，其水溶液为半透明溶液，具有微毒性，是一种常用的阴离子型表面活性剂。其分子结构在苯环上一侧连有磺酸基，另一侧为直链或支链烷烃结构，所以通常将 SDBS 区分为烷基苯磺酸钠支链结构（ABS）和直链结构（LAS）两种，支链结构不易被生物降解，所以会对环境造成污染，而直链结构易生物降解，通常情况下生物降解性可大于 $90\%$，对环境污染程度略小于直链结构 SDBS。表面活性剂能使其溶液体系的界面状态发生明显变化的物质。SDBS 具有固定的亲水亲油基团，在溶液的表面能定向排列。含表面活性剂废水的来源有很多，如生活污水、化工、纺织等工业行业都产生大量表面活性剂的废水。由于其毒性和难生物降解性，含表面活性剂废水必须经过处理后才能排放到自然水体当中。针对表面活性剂的处理技术方法有很多，包括泡沫分离技术、吸附和膜分离技术等物理方法；絮凝沉淀法、混凝沉淀法、高级氧化技术（AOPs）等化学方法；光催化降解和光助芬顿氧化以及生物降解等。然而，迄今为止还没有一种令人满意的方法能够广泛应用于表面活性剂废水的高效降解当中，高效的废水处理方法应该充分考虑到经济合理性（例如：没有或低消耗的化学药剂）和环保性（绿色修复路径）。因此，开发新的技术，高效且环境友好的降解 SDBS 的方法已成为一个紧迫的挑战。

### 2.3.1 物理法

#### 2.3.1.1 泡沫分离法

泡沫分离法是根据表面活性剂具有较大表面张力和吸附力的原理，向含有表面活性物质的液体中进行鼓风通气，使表面活性剂聚集在气泡的表面上，进而在液体上方形成泡沫层，通过将泡沫层和液相主体分开，达到去除表面活性剂的目的。李青娟采用泡沫分离塔对含 SDBS 有机废水中的 SDBS 和水体进行分离，并通过测量富集比和 SDBS 的回收率来评定分离效果，在最佳试验条件下，分离的富集比最高可达 12.36％，回收率最高可达 84.07％。

#### 2.3.1.2 吸附法

吸附法处理技术是指利用吸附剂的多孔性固体表面吸附去除废水中的 SDBS，从而起到净化表面活性剂废水的作用，分为物理吸附和化学吸附两大类。如果吸附分子以类似于凝聚的物理过程与表面结合，即以弱的范德华力相互作用，就是物理吸附。而当分子或原子与固体表面接触时，还可能会通过与表面形成化学键的方式结合，这种吸附作用就是化学吸附。两种吸附作用之间并没有清晰的分界。采用吸附法去除表面活性剂的研究已经持续了多年。郝希龙等应用小型光滤池催化膜表面吸附处理模拟污水中的 SDBS，去除率保持在 70％左右，SDBS 分子在 $TiO_2$ 薄膜表面上多为分子层吸附。吸附剂的选择应用、再生过程等仍然是限制其推广应用的主要原因。

### 2.3.1.3　膜分离法

膜分离法是指利用特殊的薄膜对液体中的某些成分进行选择性透过的方法的统称。20 世纪 60 年代，美国埃克森公司制造出了世界上第一张工业用膜，膜技术开始进入快速发展时期。目前，应用膜分离技术处理 SDBS 废水的效果较其他物理方法具有较高的效率，但针对该方法直接应用于废水处理的研究并不多见，主要是由于该法处理含 SDBS 废水的费用仍然较高。Rozzi 等将陶瓷微滤和纳滤相结合对纺织废水进行处理，该法对 LAS 的去除率高达 97%，COD 去除率为 67%～69%。但由于实验过程中所使用的超滤膜孔径远大于纳滤膜，小分子量的物质易进入膜孔内部，造成膜孔内阻塞，致使水通量下降，因此纳滤膜更适用于处理低浓度含 SDBS 有机废水。

## 2.3.2　化学法

### 2.3.2.1　光催化法

光催化氧化法处理有机废水是近年来发展起来的水处理技术，具有较好的发展前景。王君等采用锐钛矿型纳米结构二氧化钛（$TiO_2$）作为光催化剂，利用低功率超声波降解水中的 SDBS。实验过程中考察了溶液中 SDBS 的初始浓度、$TiO_2$ 催化剂的加入量、溶液初始 pH 值、反应温度、超声波的频率和功率等条件因素对降解率的影响。在 SDBS 水溶液初始浓度 50.00mg/L，催化剂用量为 750mg/L，超声波频率 40kHz，输出功率 50W，pH 值为 3，温度为 40℃的条件下，通过导数分光光度法对溶液中的 SDBS 的浓度进行测定，实验结果证明在反应进行 120min 后，体系内的 SDBS 达到了完全降解。反应动力学研究显示，SDBS 光催化降解为一级反应。利用光催化的方法对含 SDBS 有机废水降解收到了良好的实验效果，具有良好的应用前景和广阔的应用空间，为大规模利用太阳光处理工业废水开辟了道路。

### 2.3.2.2　光芬顿法

光芬顿法主要是利用 Fenton 试剂进行有机废水降解的方法，Fenton 试剂是目前应用较多的一种催化氧化法。赵景联等对超声辐射 Fenton 试剂耦合法降解水中 LAS 进行了研究。采用单因子法考察了硫酸亚铁用量，氧化剂 $H_2O_2$ 用量，超声辐射强度，反应温度和初始溶液 pH 值等因素对降解率的影响，最后利用所得出的最佳条件：超声辐射频率 40kHz，超声辐射功率 500W，反应时间 15min，反应温度 95℃，溶液起始 pH 值 3，降解物起始质量浓度 200mg/L，硫酸亚铁与双氧水质量浓度分别为 0.65g/L 和 1.2g/L 的条件下，SDBS 的降解率可达 99.31%。研究结果表明：超声波辐射 Fenton 试剂耦合法是一种有效的降解 SDBS 的方法。与 Fenton 试剂氧化催化法相比，能够显著地缩短反应时间，提高降解率。

#### 2.3.2.3 电催化法

电催化氧化技术是有机废水处理领域的一项新兴技术，该方法利用电极上的化学反应直接降解有机污染物，或者利用电极表面反应，生成的强氧化性物质间接降解有机污染物。目余婕等研究了利用三电极体系降解含表面活性剂模拟有机废水污水的实验。分别考察了利用阳离子表面活性剂、阴离子表面活性剂和非离子表面活性剂改性高岭土为粒子电极的电催化氧化效果，并探讨了实验过程中吸附与电解的协同作用。实验证明阳离子表面活性剂（十六烷基三甲基溴化铵，CTAB）改性时降解效果最好。在 CTAB 浓度为 0.2g/L，粒子电极投加量为 13g，SDBS 浓度为 300mg/L，不调节 pH（pH＝9），电流密度 50mA/cm²，$Na_2SO_4$ 投加量 2g 时，SDBS 去除率和 COD 去除率分别为 92.31% 和 84.41%。同时还用环境扫描电镜和物理吸附仪对 CTAB 改性前后的高岭土粒子电极进行了结构表征。

利用上述的各种方法处理污水中的 SDBS 均有其自身特有的优势，同时也具有不足之处。生物降解法、吸附法及膜分离法处理量较大，应用性较强，在工业中已有广泛应用，超声波法也有一定应用。生物降解法适用范围广，但效率低，降解不彻底。吸附法去除效率高，但物理法带来的二次污染问题，如吸附剂的再生处理等也应加以治理，开发廉价且高效的吸附剂是吸附法发展的关键。利用膜分离法去除 SDBS 的工艺已十分成熟，但膜污染问题及膜孔堵塞的问题比较严重，应做好污染的防治工作，同时研究高效的清洗膜技术。超声波法一般是作为辅助技术与其他工艺联用，应针对其具体的降解机理及反应器的优化设计进行更深入的研究。应用催化氧化法降解含 SDBS 有机废水的研究目前还停留在实验室研究阶段，但催化氧化法降解有机污染物高效、彻底，无二次污染，具有其他方法不可比拟的优势，应用前景广泛。开发价廉、性优且易回收再生的催化剂、寻找高效稳定的光源是亟待解决的问题，由于光催化技术通常只能应用紫外光作为光源，工作过程中对操作工人的技术防护也成为了附带的重要问题。在此前提之下，可将多种催化氧化技术相结合，使其协同作用处理同一有机废水，研发出可工业化的反应器和易于操作的 SDBS 废水处工艺。

### 2.3.3　生物法

董德明等通过实验模拟研究了不同活性的自然水体生物膜在光照条件下生成过氧化氢（$H_2O_2$）的反应。并研究了光照对自然水体生物膜体系中 SDBS 降解的影响，结合无生物膜 $H_2O_2$ 溶液中 SDBS 的降解实验，验证了 $H_2O_2$ 对 SDBS 降解的作用。结果表明，具有生物活性的生物膜可以生成 $H_2O_2$，而无活性和光合作用受到抑制的生物膜则不能生成 $H_2O_2$；光照条件下，生物膜体系中 SDBS 的降解量明显高于无光照条件下的；光照和 $Fe^{2+}$ 对 $H_2O_2$ 降解 SDBS 促进作用。张雨馨等通过模拟实验，考察加入离子态、配合态和氧化物态的铁或锰对可见光照条件下自然水体生物膜体系中产生 $H_2O_2$ 及 SDBS 降解的影响，并分析体系中 SDBS 的降解机制。结果表明：加入不同形态的铁或锰均能促进体系中 SDBS 的降解，体系中 $H_2O_2$ 的浓度呈先减小再增大的趋势。

## 2.4　典型含硝基苯有机废水处理技术进展

硝基苯（nitrobenzene，NB）属于硝基芳香族化合物，是一种淡黄色油状的液体，具有苦杏仁气味，在水中的溶解度约为 1900mg/L（20℃），它易溶于乙醚、乙醇和苯等有机溶剂中。硝基苯化学结构十分稳定，属难生物降解化合物，通常难于发生氧化反应，但在一定反应条件下，可被还原为偶氮苯、重氮盐和苯胺等。

硝基苯是常见的工业上重要的化学物质之一，广泛用于制造苯胺、染料、炸药、润滑剂及肥皂等行业，硝基苯的生产过程中产生的废水是含硝基苯有机废水的最主要来源，其中的硝基苯含量最高可达到溶解度极限，同时由于其中伴随着含有苯、硝酸盐、硫酸盐等其他的多种成分，使这种有机废水具有更严重的危害性。由于相关化工行业的迅速发展，据估计每年全世界大约有一万吨以上的硝基苯被直接或间接的排入环境系统。硝基苯被列于世界"环境优先控制有毒有机污染物"的名单前列，大量吸入、摄入或皮肤吸收均可引起人员中毒，导致高铁血红蛋白血症。通常情况下硝基苯由于其的分子结构十分稳定而难以得到彻底的处理，常用的治理硝基苯废水的方法有物理法、化学法、生物法等。

## 2.4.1 物理法

### 2.4.1.1 吸附法

吸附法是硝基苯废水处理中最常见的方法，即利用吸附剂表面对硝基苯的吸附作用，将硝基苯从废水中去除，之后再对吸附剂进行解吸，实现硝基苯回收和吸附剂的再次利用。随着材料科学技术的迅速发展，更多高效的吸附剂材料被研制出来用以吸附处理含硝基苯有机废水。利用活性炭作为吸附剂是处理含硝基苯有机废水的最传统方法之一，该方法的研究和应用始于 20 世纪 30 年代。Rajagopal 等利用活性炭吸附处理硝基苯废水，得到了良好的处理效果，并建立了吸收动力学模型对活性炭的吸附能力进行的预测。朱永安等利用活性炭吸附处理某化工厂含苯胺、硝基苯的混合有机废水，当废水中的硝基苯浓度为 130～180mg/L 时，仅利用 3g 活性炭在反应时间为 72h 后，硝基苯的去除率达到 70％以上。

将传统的活性炭作为吸附剂，由于其机械强度较低，使用寿命和再生能力不太理想。近几年来研究和开发了多种材料作为吸附剂进行含硝基苯有机废水处理，包括活性炭纤维、ACNO-T 活性炭、树脂和大孔改性吸附树脂、改性膨润土等，均收到了良好的硝基芳香烃化合物吸附效果。虽然各种新研发的活性炭纤维、树脂和改性膨润土等材料的处理效果较好，但是由于其材料成本过高，限制了其应用的空间，所以寻求可以替代的高效、廉价材料的吸附剂逐渐人们研究的热点。郎咸明等用燃煤锅炉炉渣对某制药厂硝基苯废水进行吸附处理，在结合了各种最佳的处理条件后，其硝基苯的去除率达到了 64.1％。

### 2.4.1.2 汽提法

汽提法的原理是让废水与水蒸气（气相）直接接触，导致废水中溶解的具有挥发性的有机污染物按照一定比例挥发到气相中而达到分离污染物目的。将水洗流程中产生的废水中和洗涤硝基苯粗品，大大降低了硝基苯废水的产生和排放。利用苯对废水进行了萃取，使废水中硝基苯浓度降到 3mg/L 以下，然后再将废水中的萃取剂利用水蒸气汽提出来。萃取剂苯和萃取出的硝基苯均可二次利用，处理后的废水达到国家二级排放标准。但是如同单独使用汽提的方法来处理含硝基苯有机废水，通常处理的结果很难达到国家最低排放标准，需要联合其他方法一起使用，如汽提-萃取或汽提-吸附等方法结合应用等。

### 2.4.1.3 萃取法

萃取法就是利用溶质（硝基苯）在互不相同的溶剂（水和萃取剂）里溶解度的不同，用萃取剂将硝基苯从水中提取出来并加以回收利用的过程，从而使原本的含硝基苯有机废水得到净化。用四氯化碳做萃取剂来处理含硝基苯有机废水，经过多次萃取后，水中硝基苯的去除率可以达到 95% 以上。Nakai 等采用直径 2cm、高 246cm 萃取塔，利用超临界 $CO_2$ 作为萃取剂来处理有机废水中的硝基苯，将含硝基苯浓度为 400mg/L 的废水和超临界 $CO_2$ 分别从顶部和底部连续进入萃取塔，使两者之间在逆向流动过程中接触，在溶质与溶剂的质量比为 1:1，温度为 308K，压力为 10MPa 的条件下，硝基苯被完全萃取分离，同时该过程中的超临界 $CO_2$ 可以进行循环再利用。

为了进一步降低处理费用，也可以采用多种物理方法相结合来处理含硝基苯有机废水，如汽提-萃取法联合使用等，可以成为处理含硝基苯有机废水的选择之一。

## 2.4.2 化学法

与物理法相比，化学法具有反应速率快，效率高等特点，但由于其处理成本过高且投加的药剂容易造成二次污染等问题，在大规模处理当中存在着诸多局限性。目前化学处理方法主要有单质金属还原法、催化氧化法、电化学法、有臭氧氧化法、Fenton 试剂氧化法、双氧水氧化法以及多种方法复合处理等。

### 2.4.2.1 单质金属还原法

单质金属还原法是利用单质金属在酸性的条件下具有强还原性的特点，使含硝基苯有机废水中的硝基苯还原成为苯胺，然后再使用其他的方法对生成的苯胺进行进一步的降解，最终达到处理有机废水的目的。Agrawal 等在含硝基苯水溶液中添加 2g 铁单质，在温度为 15℃，转速为 10r/min 的条件下进行避光震荡处理

3h 后，对样品进行分析处理，检测结果显示在该条件利用铁单质处理硝基苯的去除率达到 98%，对处理后的实验样品进行分析后证明其中的硝基苯被还原成为了苯胺。研究人员改进了原有的以金属单质还原为主的方法，研究利用铁碳微电解过程来去除模拟废水中的硝基苯，考察了一系列的反应条件对降解过程的影响，如体系中污染物的初始浓度、铁屑用量、铁碳比及 pH 值等。该方法改进原处理方法中只利用单质铁的进行还原处理方法单一的局限性，通过格外加入一定量的活性炭，使之在体系中成为原电池组合，产生微弱的电流配合还原反应的发生，但是活性炭的加入会与降解底物竞争电子，导致电子利用率较低，利用这种方法处理含硝基苯有机废水时微电解的还原效率并没有因此得到实质性的提高。

利用单质金属还原法主要是利用单质金属在酸性的条件下具有强还原性的特点，所以低 pH 值同时还可以加速铁碳微电解处理速率，反应过程中 pH 值的升高对硝基苯还原中间产物羟基苯胺和苯胺的形成及其分布影响较大，有限停留时间内主要还原产物是二者混合物。

### 2.4.2.2 光催化

光催化是利用半导体材料作为光催化剂，在受到光激发后产生·OH 自由基，而·OH 具有强氧化性，使硝基苯因被氧化而达到最终降解的目的。非均相光催化降解体系，通常是在待降解的污染体系中加入具有光催化活性的半导体作为光催化剂，主要有 $TiO_2$、$WO_3$、$ZnO$、$ZrO_2$、$SnO_2$、$CdS$ 和 $ZnS$ 等。利用光催化的方法降解含硝基苯废水，利用太阳能这种可持续的绿色能源作为能量的来源来进行废水的降解，显示出了广阔的应用空间和研究前景。目前，针对于 $TiO_2$ 作为光催化剂降解硝基苯废水有大量的研究成果。

石金娥等采用水热法合成了球形和管状 $TiO_2$ 纳米粒子，通过控制反应条件来控制生产的球形和管状纳米粒子的形貌大小，利用制备的 $TiO_2$ 作为光催化剂来降解含硝基苯模拟废水，通过一系列的条件实验，选择最优的条件组合来提高降解的效率。通过球形和管状 $TiO_2$ 纳米粒子对比实验发现，由于 $TiO_2$ 纳米管具有更大的比表面积，使得其光催化性能明显优于球形 $TiO_2$ 纳米粒子，在光催化反应持续三个小时后的降解率达到 90% 以上。卢俊彩等以钛酸四丁酯为前驱体，利用溶胶-凝胶法制备了不同掺铁量的纳米 $TiO_2$，以硝基苯为目标降解物测试制得的光催化剂的催化性能，得出当铁含量为 0.05 % 时，制得的 $TiO_2$ 样品的光催化活性最高，硝基苯的去除率高达 88%。Wang 等通过理论计算与研究，合成贵金属掺

杂的 $TiO_2$，使 Pt 自分散在锐钛矿 $TiO_2$ 的 001 和 101 面上来降解硝基苯。实验结果表明，均匀负载在 001 晶体表面的 Pt 纳米粒子可以显著提高 $TiO_2$ 对硝基苯的光降解和光转换效率，但 Pt 纳米粒子沉积在 101 面上没有提升 $TiO_2$ 光催化降解的性能。

#### 2.4.2.3　电化学法

电化学法包括电化学氧化还原、电凝聚、电气浮、光电化学氧化、内电解等方法。李劲等对应用直流电电解水中硝基苯过程进行了研究，在电压为 40kV 的条件下，200mL 浓度为 50mg/L 的硝基苯水溶液一次性降解率在 50% 左右，二次总降解率达 80%。刘淼等利用自制的 $Ti/SnO_2$-Sb 电极进行了电催化降解硝基苯实验研究，同时根据硝基苯降解的动力学方程分析了不同金属掺杂对电极降解速率的影响，实验结果表明，掺杂修饰后的电极的电催化降解能力得到了显著增加，同时硝基苯的降解过程符合准一级反应动力学方程。羟基自由基浓度测定结果表明，自由基浓度越高，硝基苯的降解速率越快。

### 2.4.3　生物法

生物法是指在微生物的作用下，使含硝基苯废水中的硝基苯得到彻底分解的过程，这种方法不会对环境造成二次污染，而且由于微生物具有较强的可变异性及适应性，能够同时降解废水中的其他有机成分，降解过程的运行成本低，维护简单，因此生物法已成为处理含硝基苯有机废水的理想方法之一。但是多数微生物对硝基苯的降解范围在 20～500mg/L，超过这个范围，将造成微生物受毒害死亡，所以通常不能将生物法单独使用，特别是对于处理较高浓度的硝基苯废水，生物法经常被用来与其他方式结合应用，将其作为硝基苯废水处理的最终环节，达到最佳的处理效果。

微生物具有数量大、分布广、代谢类型多样、适应性和突变能力强等特点，已经被广泛应用于有机污染废水的处理当中。近三十年来，国内外众多研究者通过富集培养等技术，已经发现许多能够有效降解硝基苯的微生物。在这些微生物中，研究较多的有吉氏拟杆菌、产气荚膜杆菌、棒状杆菌门、屎拟杆菌、门多萨氏菌、肺炎克雷伯氏菌、葡萄球菌、链球菌和恶臭假单胞菌等，白腐真菌对硝基苯的降解也已受到较多关注，新的特效菌种正不断被发现。由于生物降解过程的复杂性，硝基苯生物降解途径仍所知甚少。目前公认的途径主要有以下几种类型：一种为好氧氧化降解途径，硝基苯在双加氧酶作用下矿化为邻苯二酚，然后苯环开环降解。第二种是更为广泛的降解途径，即好氧部分还原降解途径，硝基苯通过中间产物亚硝基苯部分还原为羟基苯胺，然后主要转化为氨基苯酚，氨基苯酚可通过间位切割的途径进一步矿化。好氧部分降解途径并非唯一，如侯轶等在枯草芽孢杆菌好氧降解硝基苯的产物中发现了苯胺；另有某些菌种可通过硝基苯酚还原酶催化羟基苯胺生成氨气。

李轶等研究从曾被硝基苯污染的河道底泥中分离得到了 7 株在低温条件下能以硝基苯为唯一碳源快速降解硝基苯的细菌，对其中降解能力较强的 1 株的生长特性、降解特性及其主要环境因素进行了研究并进行了鉴定。实验结果对硝基苯污染环境的修复和硝基苯废水的处理具有重要意义。卢桂兰等对厌氧微生物的降解硝基苯作用进行了研究，分离得到芽孢杆菌属，对硝基苯最高降解浓度为 1000mg/L。以硝基苯为唯一碳源，通过对富含硝基苯的活性污泥驯化、分离和筛选，得到能够降解高浓度硝基苯污染废水的厌氧微生物，同时研究不同硝基苯初始浓度和微生物量对降解效率的影响，探明微生物降解产物的组成和特征，为硝基苯废水厌氧生物处理的实际应用提供理论依据。

由已开展的硝基苯生物降解实验研究可以看出，目前国内外对硝基苯降解菌株的研究较多，但其研究范围主要限于硝基苯废水处理和地表水，处理对地下环境中硝基苯生物降解规律的研究还很少。另外，这些实验大都在常温条件下进行，而我国北方地下水的温度较低，低温环境中研究还很不完善，需进一步探讨。

## 2.5　中心材料对 STEP 过程影响

太阳能 STEP 光-电-热三场耦合作用降解有机废水的模式能够通过同时将光能、热能和电能这三场的能量引入到体系当中去，而且在引入的同时还要求具有能量利用率高、性质稳定、易于回收利用等一系列的特点。基于此研究的目的，将这种媒介定义为中心电极，能够通过中心电极的作用，能够同时达到提高太阳能利用率和有机废水降解这两个目的。拟设计一种电极材料，既具备良好的导电作用，在成分复杂的有机废水体系中能够稳定运行，充当电解电极，又具备优异的光催化性能，有较高的光催化降解有机废水效率，同时在热的作用下，其光电性质能够不发生明显变化的复合材料电极。

这个中心电极既是光催化化学过程的催化剂，又是进行电化学反应的场所，因此中心电极材料对整个太阳能 STEP 光-电-热三场耦合作用降解有机污染物的反应路径与选择性都十分重要。在电化学反应当中，同一反应物质在不同材料的电极表面可能产生不同的产物，例如，不同电极材料可带来不同的硝基苯还原产物。在电化学氧化过程当中，在阳极表面发生的是氧化反应，研究电化学氧化主要就是研究阳极氧化，同时不同的光催化剂对光催化反应的产物也具有决定性作用，所以此中心电极作为反应体系的阳极存在，其材料的性质就成为了研究的重点问题。由于中心电极材料的不同，用 STEP 三场过程进行氧化降解有机污染物的产物、反应机理、电流和降解效率等都会存在巨大的差异，所以适用于难降解有机物的氧化处理的中心电极材料一般需要满足导电性好、稳定性好、耐酸碱腐蚀、吸附性能较好、催化活性高等条件。

从目前已知的研究成果上来看，并没有专门适用于太阳能 STEP 光-电-热三场耦合作用的电极的研究与利用的相关文献可以参考，所以结合电化学和光催化用材料的相关文献，设计并制造了具有实用性并适配于三场作用的电极材料。从结构上看，中心电极材料由载体材料（电极基体）主体和催化活性的表层构成。载体材料主要用来负载具有催化活性的涂层，做载体的材料主要有 Ti，Nb，Pb，C 等，而催化活性表层的材料主要有 Pt 及其合金，Ni 及其合金以及各种金属的氧化物等。常用的阳极材料有双金属合金阳极材料、光电薄膜阳极材料、过渡金属掺杂阳极材料、元素改性阳极材料及其他阳极材料等。

## 2.5.1　金属阳极基体材料

金属电极是指以金属作为电极反应界面的裸露金属，除碱金属和碱土金属外，大多数金属作为电化学电极均有研究报道。在有机废水的降解过程当中，由于其成分比较复杂，除了存在目标有机污染物之外，同时体系中还存在多种无机离子及各种细菌，一般的金属如镍与不锈钢等电极材料虽然价格便宜，但通常它们只能在有限的外加电位与 pH 值体系中使用。以不锈钢作为电极材料处理染料废水，实验结果表明，不锈钢电极材料对有机污染物具有较好的电催化降解作用，能在较短时间内达到优异的脱色效果。他们发现，廉价的不锈钢电极能够产生·OH，而某些常用的电极材料例如石墨则几乎不能产生，而且电催化反应速度与电流密度成正比，而槽电压则影响不大。也有采用铝板为阳极，铁板为阴极来处理染料工业有机废水的报道。

贵金属作为电极材料时表面稳定性高，同时反应的活性也高，是作为电解电极的理想的惰性材料，例如铂、金、钌等。铂具有较高的析氧过电位，当其作为阳极在电化学降解过程中使用时，可避免氧气析出，保持较高的电流效率。将金属材料作为阳极材料，应用于有机废水的电化学氧化降解过程中的研究，重点主要是围绕电极的制备方法、性能调控等方面进行。

Vlyssides 等采用 Pt/Ti 电极为阳极，不锈钢为阴极处理印染废水，由于电极高的析氧过电位，通过电催化，将废水中有机污染物氧化为 $CO_2$ 和水。实验结果表明经降解后的有机废水的 COD 的去除率为 86%，$BOD_5$ 的去除率为 71%，而色度的去除率达到 100%。此电极也可用来处理生活废水，在 40℃ 下研究 pH 值对废水处理效果的结果表明：在碱性条件下，催化效果是非常明显的，COD、氨氮和总磷的去除率分别达到了 89%、82% 和 98%。Barrera-Diaz 等采用 Pt/Co 复合电极处理工业高浓度有机废水。结果表明，色度的去除率达到 90%，而 COD 的去除率达到 95%。Park 等研究报道了在铜 & 铈复合电极于 973K 和 1073K 时，利用固体氧化物燃料电池直接电化学氧化各种烃类，最终的产物均是二氧化碳气体和水。Solmaz 等研究发现在铜电极表面沉积 Ni&Cu 复合涂层用于产氢反应的电催化材料，测试了电极的活性，实验证明该复合涂层的活性远远大于没有涂层的电极。Szpyrkowicz 等研究发现，分别利用 Ti&Pt 和 Ti&Pt&Ir 复合电极，通过电化学方法氧化处理皮革生产废水，COD 去除率均在 50% 以上，TKN 和硫化物可完全去除。M. Panizza 研究利用 Ti&Pt 复合电极作为阳极，电解处理含萘和蒽醌磺酸的工业废水，发现只有很少一部分有机物能被直接氧化，大部分有机物的氧化只能依靠非直接过程，同时氧化过程受电解质的影响较大，当利用 NaCl 作为电解质时，体系中的 $Cl^-$ 电解后会生成的 $ClO^-$，由于 $ClO^-$ 具有强氧化性，所以 $Cl^-$ 的浓度升高会导致降解过程中 COD 的去除率升高，平均电流效率也升高。但是过于依赖 $Cl^-$ 的间接氧化过程进行有机物的降解，增加体系中电解质的浓度，同时会导致次级污染物，如含氯有机物的大量生成。这些研究为有机废水的光-电-热三场耦合高效降解理论中光-电阳极的设计提供了指导。金属电极研究中目前尚未解决的最大问题是容易钝化，尤其是在氧化场中，金属电极很容易被氧化生成氧化物膜，有时使电极失去活性。寻求化学稳定性好，不易钝化，催化活性高，是金属电极研究的方向。

## 2.5.2　光电薄膜阳极材料

Fujishima 等研究发现，在金属表面涂覆一层二氧化钛（$TiO_2$），在紫外光的照射的条件下，会使原本的金属具有防腐蚀作用。其作用机理为在紫外光的照射下，$TiO_2$ 的价带电子被激发到导带。在金属的表面涂覆一层 $TiO_2$，或将其作为光阳极与金属相连时，在光照的条件下，导带上产生的光生电子会转移到金属表面，使金属的电极电位降低，同时也可以达到阴极保护的效果。Mandelbaum 等研究利用二氧化钛薄膜电极进行光电化学氧化醇类的研究，反应过程中同时观察到了瞬态和稳态的光电流，通过研究其反应机理，证明了电极表面发生的光反应主要是自由基反应。周幸福等发明了一种用钛膜管制备电极的方法，制得的钛膜电极性质稳定，表面物质不易脱落，并利用这种电极制备出了光电化学废水处理装置，该发明工艺简单，操作方便，容易实现大规模生产，在光电处理有机废水方面有很好的应用前景。通过在透明导电基板上旋涂或浸涂烷氧基前驱体制备具有光催化活性二氧化钛薄膜电极，并利用所制备的电极光电催化降解 4-氯苯酚和草酸，通过实验结果表明，草酸在电极上几乎可以全部降解。Guaraldo 等通过将纳米结构的二氧化钛颗粒附着于金属钛表面，制备了 $Ti/TiO_2$ 薄膜电极，并利用该电极进行光催化降解靛蓝染料活性的研究，结果表明纳米颗粒电极在紫外辐射耦合电场下使用，是一种去除含靛蓝染料污染废水的有效方法。

但是，在利用太阳光能量进行光电化学反应降解有机物时，二氧化钛作为金属薄膜电极应用于有机废水处理存在两大难题：一是由于 $TiO_2$ 禁带较宽，为 3.2eV，在未修饰改性的条件下只能被波长小于 387nm 的短波紫外光激发，对可见光利用率很低，而这部分光谱的能量只占太阳光谱总能量的 4% 左右；二是 $TiO_2$ 的光量子效率低，通过紫外光激发产生的光生电子和空穴对在反应过程中容易复合。因此，若要从根本上提高 $TiO_2$ 的光催化性能，要从调控 $TiO_2$ 禁带使其吸收光谱向可见光区扩展，同时降低光生电子和空穴对复合率两个方面进行。到目前为止，已经有很多改进二氧化钛的光催化活性的方法，比如通过使用贵金属或非金属元素修饰，与其他种类半导体耦合、使用染料敏化等方法，然而应用这些方法对其进行改性的同时，也面临着掺杂/耦合性质不稳定等一系列问题。

### 2.5.2.1　金属掺杂改性

金属掺杂降低载流子的复合概率，也就是相当于改善载流子的分离效率，能显著改善 $TiO_2$ 的光催化效果。采用化学气相沉积（CVD）和光还原沉积方法制备了 $Ag/TiO_2$ 和 $Pt/TiO_2$ 光催化剂并采用其光催化降解水杨酸。光催化实验结果表明，高 pH 值和低初始浓度的水杨酸会导致较高的去除效率。在负载 Ag 和 Pt 后，

$TiO_2$ 光催化效率明显提高。采用水热合成法制备微球 $Au$-$TiO_2$ 复合颗粒，对空气中的甲醛进行催化处理。结果表明 $Au$-$TiO_2$ 纳米复合微球的光催化活性明显高于纯 $TiO_2$ 微球和 Degussa P25。

当金原子∶Ti 低于 0.00425 时，表观反应速率常数增大，样品的光催化活性最高。采用经 Fe 掺杂的 $TiO_2$ 降解甲基蓝，通过表征分析可知，铁掺杂纳米 $TiO_2$ 的漫反射光谱在带隙跃迁中呈现红移。当铁含量超过 2% 摩尔时，吸收带边缘移动到可见光区，大大扩展了 $TiO_2$ 的吸光范围。采用溶液-凝胶法，成功制备出 Ag-Cu 共掺的 $TiO_2$ 纳米粒子，与银、二氧化钛、纯二氧化钛纳米颗粒相比，银和 Cu 共掺杂纳米二氧化钛的活性最高，光催化效果最好。

### 2.5.2.2　非金属掺杂改性

相比于金属掺杂法，非金属掺杂的优势是价格较为低廉，催化效果良好。采用硫掺杂经过煅烧制备二氧化钛（$S$/$TiO_2$），并在模拟太阳光下，对苯甲酸溶液进行光催化分解，结果显示改性后 $S$/$TiO_2$ 的光催化活性是 $TiO_2$ 的 2.7 倍。用溶胶-凝胶法在酸性介质中制备了氮掺杂的二氧化钛光催化剂，并在紫外和可见光条件下降解林丹，结果显示在不用光源下，林丹的降解效率在负载 N 后均得到显著提高。以蔗糖为碳源制备了介孔碳掺杂 $TiO_2$ 纳米材料，在不同温度在降解气相甲苯，结果显示，由于表面缺陷的减少，负载碳后电子-空穴对的复合受到了有效的抑制，气相甲苯的降解率明显提高。以四氯化钛和磷酸为原料，在低温下制备了掺磷 $TiO_2$ 水溶胶并采用其降解亚甲基蓝，结果显示掺磷 $TiO_2$ 水溶胶的光催化性能比纯 $TiO_2$ 水溶胶大约提高了 2 倍。

### 2.5.2.3　窄带系半导体复合法

窄带系半导体复合法是利用两种不同禁带宽度的半导体进行复合，以提高电子-空穴分离的效果。采用水热法制备了 CdS 掺杂的 $TiO_2$，在 CdS∶$TiO_2$=3∶2 时，CdS/$TiO_2$ 的光催化活性最高，在紫外光照射条件下降解 30min 后，罗丹明 B 的降解率可达 74.3%。薛峰等采用电化学沉积法在 $TiO_2$ 阵列上修饰了 CdS 粒子降解甲基橙，在光照 2h 后，甲基橙的降解率由最初的 57.1% 提升至 76.4%。采用化学沉积法合成了 ZnS 包覆的 $TiO_2$，并采用制备的纳米复合材料对亚甲基蓝（MB）溶液的进行降解，实验结果显示在 ZnS 掺杂量为 0.2%、pH=7 的条件下，

20mg/L 的亚甲基蓝在 20min 左右即可降解完毕。分别在 $TiO_2$ 胶体悬浮液上沉积了 $MoO_3$ 和 $WO_3$，制备光学透明的光催化薄膜，并用这种材料催化分解气象异丙醇，结果显示 $WO_3/TiO_2$ 膜的光催化活性纯 $TiO_2$ 薄膜的 2.8613 倍，而 $MoO_3/TiO_2$ 的催化效果较差。采用静电纺丝法合成 $V_2O_5$ 修饰的 $TiO_2$ 纳米管，结果表明在 $V_2O_5$：$TiO_2$＝1：1 的条件下，相比于未经改性的 $TiO_2$，$V_2O_5/TiO_2$ 异质结能更快地降解罗丹明 B，在降解 10 个周期后，催化性能依然稳定。

#### 2.5.2.4　非金属掺杂改性

染料敏化法是指在 $TiO_2$ 表面吸附一些染料类有机物，从而达到光催化性能提升的目的。将席夫碱钴卟啉负载在 $TiO_2$ 上，与纯 $TiO_2$ 的光催化效果相比，用席夫碱钴卟啉敏化后的 $TiO_2$ 对亚甲基蓝和罗丹明 B 的光催化效果有了明显的提高。制备了铜卟啉-$TiO_2$ 复合光催化剂，在可见光下降解 4-硝基苯酚，结果显示光催化效果随着卟啉环外围极性取代基数目的增多而增加。采用曙红和叶绿素铜三钠修饰 $TiO_2$ 颗粒，结果表明在敏化温度 30℃、敏化时间 8h、曙红：叶绿素铜三钠质量比为 3：2 的可见光催化条件下，甲基橙的降解率可达 61.33％。通过四羧基铜酞菁对经过软膜板法制备的介孔 $TiO_2$ 进行修饰改性，当四羧基铜酞菁的吸附量为 4％时，改性后的 $TiO_2$ 降解荧光素时的反应速率明显升高。

### 2.5.3　碳基阳极材料

尽管碳基电极早已广泛应用，但对碳基材料结构的研究与认识只是在最近 20 年才开始大量兴起的。不同的碳基材料因其结构、成分、工艺的不同，性能也各不相同。碳基材料含杂质少，导电热性较优，化学稳定性强、成本低、形貌调控性强等金属材料不具备的优点。碳基阳极材料的最大特点是具有完全抗卤素腐蚀的特点，所以在许多电化学氧化降解过程当中是非常重要的实用材料。

石墨、网状玻碳电极（RVC）、多孔碳电极对污染物具有化学惰性，导电和导热性能都十分优良，同时价格比较便宜，其优点更在于它们具有高比表面，其表面充氧功能基团促进有机物的电子交换，提高了氧化度。Polcaro 等使用多孔碳电极充满阳极区，在 pH2.5 的磷酸缓冲溶液中去除 2-氯酚和 2，6-二氯酚，在电流密度为 5mA/cm$^2$ 时，污染物及其中间产物能被去除，电流效率为 25％～30％。Zhou 等用活性炭流化床电解处理对硝基苯酚，既提高了活性炭的吸附作用，又利用它作为电极表面发生的电化学氧化反应，使 COD 的去除率高达 97.8%。Gattrell 等用网状玻碳电极氧化苯酚，初始时反应速率较大，然而很快由于电极表面被不可溶的生成物所覆盖而迅速下降。所以优良的吸附性能在能够增强污染物的去除效果的同时，也会对中间产物扩散不利，使中间产物积累在电极表面致使覆盖活性位点，造成电极的表面污染失去功能。

碳纳米管、石墨烯等低维碳纳米材料具有独特的几何结构和优异的电学、热学和力学性能，作为电极材料应用时，具有较高的表面能和范德华力，容易团聚和堆积，利用这种特性把两者复合将缺陷变优势，在电极材料方面加以研究利用。通过碳纳米管和石墨烯两者间的相互作用合成石墨烯与碳纳米管的混合纳米结构材料，具备稳定的多循环操作稳定性，抗老化性强。材料通过石墨烯和碳纳米管之间的静电作用，能够阻止材料间的堆积和团聚作用，增加了比表面积，在反应过程中能够提高反应的效率。同时石墨烯及其复合材料在光催化性能方面能起到增加光催化性的作用，其原因可以归结为以下三方面。首先，大的比表面积可以增强复合材料的吸附能力。其次，具有较高的电子传递能力，使之可以作为电子受体，从而延缓电子-空穴对的复合，增强复合材料的光催化活性。更重要的是石墨烯使光催化复合材料的光谱响应范围拓展至可见光区，降低光催化材料的能带间隙。

由于碳元素容易和氧结合生成碳氧化合物（CO 和 $CO_2$），使碳基材料在有氧气析出的反应过程中非常容易腐蚀，如何通过改变组织结构提高碳基材料的耐蚀性仍是目前的重要课题。同时碳基材料的强度低也是一个亟待解决的问题。近年来对碳基材料的研究出现了化学改性方面的研究和应用报道，这有可能成为碳基材料克服自身缺点，寻求新的应用领域的一个重要方向。在有机废水太阳能 STEP 光-电-热三场氧化降解过程中，中心极材料的选择直接会影响反应的降解效率和体系的电流效率。

## 2.5.4　g-C₃N₄光催化材料

光催化反应是指在光照下物质间发生的化学反应。它是一种利用光能进行物质转化而获得产品或直接将反应物进行分解的技术手段，可用于环境污染治理、纯净能源生产、国防、医疗卫生等领域。近年来，由于政府部门、科学界和企业界的高度重视，大量的人力和资金被用于开展光催化的研究，使得该工作成为材料界最活跃的研究领域之一。

21 世纪，能源的短缺和环境的污染问题已经成为了影响人类社会发展的绊脚石。利用光催化剂将取之不尽的太阳能转化为人类可以直接利用的能量，将各种有机和无机的污染物完全矿化和降解，是目前可再生清洁生产能源研究的一个重要方向。

在众多催化剂中，具有独特结构的石墨相氮化碳 g-C$_3$N$_4$ 由于其良好的光催化性能，成为了目前的研究热点。g-C$_3$N$_4$ 是一种具有二维层状结构的非金属半导体材料，具有化学稳定性好、热稳定性高和原料来源丰富（比如尿素、三聚氰胺、硫脲、氨腈）等优点。g-C$_3$N$_4$ 合适的带隙能（约 2.7eV）使其具有可见光活性。然而单一的 g-C$_3$N$_4$ 存在比表面积低、光生载流子易复合、可见光利用率低等缺陷，极大地抑制了 g-C$_3$N$_4$ 的光催化活性。因此，可通过增大比表面积、抑制光生载流子的复合、拓展可见光吸收范围等手段提高 g-C$_3$N$_4$ 的光催化活性。研究表明，制备纳米结构或多孔结构 g-C$_3$N$_4$，与其他半导体复合，金属和非金属元素掺杂等方法，都可有效改善 g-C$_3$N$_4$ 的光催化性能。

近几年来 g-C$_3$N$_4$ 材料已引起相当大的关注，其在新能源材料的制备和环境污染的治理中表现出了广阔的应用前景，例如在燃料电池的系统、光解水制氢装置，超级电容器和光催化剂等。因此 g-C$_3$N$_4$ 材料成为光催化领域的研究热点之一。

### 2.5.4.1　g-C$_3$N$_4$ 的性质

g-C$_3$N$_4$ 具有很高的热力学稳定性。在 600℃下，即使暴露在空气中也有很高的稳定性，是目前所有的有机材料中最稳定中的一种，甚至高于很多高温聚合物的稳定性。温度超过 600℃时，稳定性开始下降，在 630℃出现一个强烈的吸收峰，随后质量挥发减小，至 700℃时完全消失。对于不同方法制备的材料，其热稳定性还与其聚合程度以及堆叠方式有关。

g-C$_3$N$_4$ 还具有很高的化学稳定性。与石墨类似，由范德瓦尔斯作用将层与层结合起来，这使得其不溶于大多数的溶剂，如水、乙醇、乙醚、甲苯等。但其能溶解于强酸，在强酸中会形成薄片状熔融物，不过该过程也是可逆的。g-C$_3$N$_4$ 的禁带宽度可通过漫反射光谱仪或荧光光谱实验测得。实验表明其光吸收边大约在 450nm 附近，这使得其材料本身呈现淡黄色。此外，理论计算也表明 g-C$_3$N$_4$ 为具有 2.7eV 带隙的半导体，这与其光吸收谱相对应。另外，不同的制备方法合成的材料由于最终的结构有一定差异，其光吸收也不尽相同。目前人们采用各种方法对其结构进行修饰，来增加其光吸收范围。

g-$C_3N_4$作为新型的聚合物半导体光催化材料，由于其稳定性高、吸收可见光、容易制取且造价低廉、仅由 C、N 两种元素构成便于调控修饰等优点，迅速成为光催化领域的研究的热点材料。然而，目前它的光催化性能并不突出，主要原因是：电子一空穴的定域性强，极易复合；比表面积较小，反应的活性位点少；量子效率低等。

### 2.5.4.2 g-$C_3N_4$ 的历史与发展前景

第Ⅲ族和第Ⅴ族的轻元素通过 2p 和 3p 轨道结合成的材料因为其原子之间的间距很短而引起了独特而多样的理化性质。碳、氢两种元素都只拥有两个原子层，半径很短，相互之间可以形成很强的共价键，也可以通过四重配位组成各向同性的致密的三维共价键网格结构。大量文献对各种前驱体以及各种物理、化学方法制备不同晶型的 $C_3N_4$ 进行了报道。但是在常温常压下，石墨相氮化碳（g-$C_3N_4$）最为稳定，由锥形的氮桥和三嗪环组合而成，虽然在强度上不能和其他晶型相比，但它可以在温和的条件下由一系列含碳富氮的前驱体（单氰胺、双氰胺、三聚氰胺等）进行大量的制备，其高度的稳定性以及独特的电子结构使得其在润滑、气体储备、催化剂载体、药物运输等方面具有潜在的应用价值。

目前，人类面临着煤、石油等能源日渐枯竭的危机，寻找新的能源已经成为当务之急。太阳能是取之不尽用之不竭的一次性能源，把太阳能转化成可以储存的化学能、电能等能源是人们十分感兴趣的研究课题之一。寻找合适的半导体材料作为用来转化太阳能的光催化剂是材料科学的一项重要任务。目前大多数的光催化剂都面临着以下相同的问题：

① 能隙太宽，只能响应不足太阳能辐射 5% 的紫外光区，而对太阳能中 47% 的可见光利用率非常低；

② 价带和导带的电位很难同时满足各种各样的催化反应对电位的需要；

③ 光生电子空穴容易复合，量子效率非常低。

g-$C_3N_4$ 能在牺牲介质存在的情况下与可见光作用下催化光解水析氢，也可以在可见光作用下活化 $CO_2$ 并催化苯氧化为苯酚。和其他的半导体相比，g-$C_3N_4$ 可以吸收可见光，热稳定性和化学稳定性都很强，此外还具有无毒无害、制备成型的工艺简单、来源丰富等优点。

### 2.5.4.3 g-$C_3N_4$ 的制备方法对催化性能影响

g-$C_3N_4$ 的光催化性能与前驱体的选择、制备工艺、制备方法有着密切的关系。

通过改变制备过程中的各种条件，调整 g-$C_3N_4$ 的能带结构和纳米形貌，从而引起吸光性能发生改变，进而影响光催化性能。

（1）前驱体的选择

通过选用合适的前驱体，再经过适当的聚合过程，就可得到相应的 g-$C_3N_4$ 材料。可以作为制备 g-$C_3N_4$ 的前驱体的物质主要有单氰胺、双氰胺、三聚氰胺、尿素和硫脲等。

研究者利用液相的单氰胺作为前驱体，在液相的环境下，通过回流方式制备了石墨烯改性的 g-$C_3N_4$ 光催化剂。这种催化剂具有良好的吸光能力，而且结晶良好，光催化降解有机污染物的效果明显。尽管如此，该方法也有不足之处，实验中采用单氰胺作为前驱体，价格很昂贵，且该方法回流过程需要 96h，耗时长，所以一般不用此法制备 g-$C_3N_4$。也有工作采用双聚氰胺为前驱体，在 520℃ 煅烧 2h，制备出结晶性优良，且具有蓝紫光吸收能力的 g-$C_3N_4$，不过该方法制备的 g-$C_3N_4$ 形貌不可控制、比表面积小，而且载流子复合能力强，这些因素直接影响 g-$C_3N_4$ 材料的光催化性能。有的科学家直接热解三聚氰胺，制备出结晶良好，光化学性能也很好的 g-$C_3N_4$ 材料。该方法由于使用廉价的三聚氰胺作为前驱体，成本低，且使用简单的直接热解方式，省去许多烦琐的处理过程，因而常被用于制备 g-$C_3N_4$ 材料的首选。但是，该方法仍然不能很好地控制材料的形貌，且其比表面积只有 8$m^2$/g，载流子复合能力仍然很强，需要对其进行改性才可以充分发挥 g-$C_3N_4$ 材料的光催化性能。还有的科学家以硫脲作为前驱体，在空气气氛下，550℃ 煅烧可得光催化性能良好的 g-$C_3N_4$ 材料。硫脲为前驱体比较廉价，且相比于双氰胺，在制备过程中，产生的毒性物质少，制备出的 g-$C_3N_4$ 片层还能产生无序堆积孔，提高材料比表面积，因此，硫脲也常用于制备性能优越的 g-$C_3N_4$ 光催化剂。另外还有科学家以尿素为前驱体，在 450～600℃ 之间热解，制备出了晶型良好，结构稳定，并且具有可见光吸收的 g-$C_3N_4$ 材料。在 600℃ 下煅烧 2h，所得样品的比表面积可达到 96.6$m^2$/g，该样品表现出了良好的光催化性能，以尿素为前驱体制备的 g-$C_3N_4$ 材料，简单、经济、实惠，并且热解尿素还可以获得高比表面积的 g-$C_3N_4$，同样也常用于制备 g-$C_3N_4$ 光催化材料。

前驱体的选择对 g-$C_3N_4$ 材料影响很大，在选择时，一般需要根据其理化特征、价位以及制备工艺等条件来筛选。在选择热解法制备 g-$C_3N_4$ 材料时，升温速率、保温时间、煅烧温度和气氛的选择都会影响前驱体的聚合过程，从而影响 g-$C_3N_4$ 材料的性能。

尿素在热解制备 g-$C_3N_4$ 材料的过程中，升温速率对材料的影响。选择升温速率分别为 2.5℃/min、5℃/min、10℃/min 以及 20℃/min 的条件，并以空气作为反应气氛，温度升至 550℃ 后保温 2h 制得相应的样品 CN2.5、CN5、CN10 以及 CN20。通过实验发现，CN2.5 的结晶度最好，之后随着升温速率加快，材料洁净度降低，但当升温速率达到一定数值时，它对结晶度的影响就不明显了。而且样品的光催化性能由于受制于材料能带宽度以及载流子复合性能，实验发现，样品 CN10 的光催化性最佳，升温速率太小或是太大对材料光催化性能都是不利的。

以三聚氰胺为前驱体时也可以选择不同升温速率制备相应的 g-$C_3N_4$ 材料。如果分别选择升温速率为 2.5℃/min、5℃/min、10℃/min 以及 20℃/min，也能制出结晶良好并且具有可见光吸收的 g-$C_3N_4$ 材料。煅烧温度对以三聚氰胺为前驱体热解过程的影响主要体现在材料的 C、N 组成以及光催化性上。有科学家研究发现，在热解三聚氰胺的时候，煅烧温度分别采用 500℃、520℃、550℃ 和 580℃ 制备的样品分别为 C500、C520、C550 和 C580，对应的 CN 原子比分别为 0.721、0.735、0.737 和 0.742，说明随着温度升高，制备的样品更趋近于理论组成（即 $n_{C/N}=0.75$），然而在光催化降解甲基橙的过程中，发现相对应的降解率分别为 89%、99%、78% 以及 69%，说明样品的光催化性能是一个先增加后减少的过程。另外，这个研究还发现，样品 C500、C550 以及 C580 在催化过程中甲基橙的降解是分布的，而 C520 则是降解矿化一步完成，可见热解温度对 g-$C_3N_4$ 材料的性能影响很大。

有些研究以尿素为前驱体，并在 550℃ 下热解，研究出了不同煅烧时间对 g-$C_3N_4$ 材料的影响。实验发现，在煅烧时间分别为 1h、4h、6h、8h 时，对应的样品 CN1、CN4、CN6、CN8，各样品的光照释氢性能也不尽相同，对应的释氢速率分别为 0.45mmol/(h·g)、0.46mmol/(h·g)、1.3mmol/(h·g)、1.4mmol/(h·g)。可见，热解时间的影响可以通过影响 g-$C_3N_4$ 材料的比表面积，进而影响其光催化性能。

（2）模板法

模板法制备 g-$C_3N_4$ 通常采用具有一定形貌特征的多孔材料为模板，之后通过热解聚合的方法在模板表面生成 g-$C_3N_4$，将模板去除后留下与模板相匹配的多孔 g-$C_3N_4$ 材料。改法制备出的 g-$C_3N_4$ 材料拥有特殊的多孔结构和表面形貌。在多孔 g-$C_3N_4$ 材料方面，通常需要制备高比表面积的 g-$C_3N_4$ 材料，而一般的热解法无法达到要求。采用模板法制出多孔 g-$C_3N_4$ 材料时，其比表面积的大小可通过选用不同模板来进行调整，这对多孔 g-$C_3N_4$ 材料的研究及其在光催化方面的应用有着至关重要的意义。

为了克服 g-$C_3N_4$ 材料比表面积低的问题，使用纳米 $SiO_2$ 作为硬模板，并用单氰胺做前驱体，水为溶剂，在 70℃ 下搅拌均匀后干燥，之后采用 23℃/min 的升温速率升温至 550℃，煅烧 4h，最后使用 $NH_4HF_2$ 除掉模板，合成了比表面积 $67 \sim 373 m^2/g$ 不等的 $mpg-C_3N_4$ 材料。实验通过改变模板的用量来调整 $mpg-C_3N_4$ 材料的比表面积，在单氰胺用量为 3g 时，质量分数为 40% 的纳米 $SiO_2$ 水溶液分别取 1.5g、3.75g、7.5g、12.25g 时，所得的 $mpg-C_3N_4$ 材料的比表面积分别为 $67m^2/g$、$126m^2/g$、$235m^2/g$、$373m^2/g$，并且随着模板增多，孔径分布更加趋向集中。

当利用 1-丁基-3-甲基咪唑四氟硼酸盐（$BmimBF_4$）为软模板时，以水为溶剂将 $BmimBF_4$ 与 DCDA 混合均匀、干燥，然后在 550℃ 下煅烧，得到了含 B、F 两种掺杂元素的 CNBF 材料。这种材料的 002 面 $d = 0.326nm$，$n_{C/N} = 0.65$，相比标准的 $g-C_3N_4$ 材料（$d = 0.338nm$，$n_{C/N} = 0.75$）有一定差距，而且，当质量比 $r = 0.5$ 时，对应的 $CNBF_{0.5}$ 比表面积和孔容分别是 $444m^2/g$ 和 $0.32m^3/g$，具有优良的多孔性能。研究了以非离子型表面活性剂为软模板，DCDA 为前驱体来进行组装，获取多孔的 $C_xN_y$ 材料。在以 P123 位软模板时，通过调整 P123 和 DCDA 的用量，制得样品 mpg-CN-P123-$r$（其中 $r = 0.2$、0.5、0.7、0.8）。样品 mpg-CN-P123-$r$ 随着 P123 用量增加，$n_{C/N}$ 增加，且都大于 0.75，这个发现说明模板剂在材料的制备过程中，有部分的 C 被碳化而残留。材料的比表面积也随着 $r$ 值的增大而提加，但是材料的孔容却是先增后减的过程。在 $r = 0.7$ 时，mpg-CN-P123-0.7 对应的 $n_{C/N}$ 是 1.711，其 BET 比表面积为 $187m^2/g$，孔容为 $0.232m^3/g$。而当以 Triton 为模板剂时，样品 mpg-CN-Trition-$r$（其中 $r = 0.2$、0.5、0.7、0.8）的 $n_{C/N}$ 随着模板剂用量的增多而增大，但这个值是在 $0.69 \sim 0.89$ 之间变化。可以看出，以 Trition 为模板剂比较适合制备 $g-C_3N_4$ 材料。样品 mpg-CN-Trition-$r$ 的比表面积、孔容随着模板剂用量的增加而增大，当 $r = 0.6$ 时，样品 mpg-CN-Trition-0.6 的 $n_{C/N}$、比表面积、孔容分别是 0.89、$116m^2/g$ 和 $0.284m^3/g$，可以看出，软模板法也能获得多孔的氮化碳材料。

研究者们一直在探索新的软模板来制备 $g-C_3N_4$ 材料。到目前为止，人们依旧没有发现既能实现 $n_{C/N}$ 固定在 0.75 附近，又具备多孔性良好条件的软模板。主要原因是采用热聚合方法在制备 $g-C_3N_4$ 材料时，一般要在半封闭的体系下进行，并且半封闭体系中的 O 含量不能太高，这就会造成模板剂在高温煅烧的过程中，无法避免地发生部分碳化，造成 $n_{C/N}$ 增大。

采用模板法制备 $g-C_3N_4$ 材料时，伴随着木板的选取、聚合反应条件的控制、模板与前驱体的混合以及最后模板的去除等过程，这些过程中会产生影响材料性能的因素。因此，采用模板法制备 g-$C_3N_4$ 材料会导致材料的制备过程相对复杂。另外，用模板法制备 g-$C_3N_4$ 材料，在去除模板之后，由于缺少了模板的支撑作用，可能会因为强度不够而引起材料多孔结构的形貌遭到破坏甚至坍塌。

（3）溶剂热法

通过将氰胺、三聚氰胺、氰脲酰氯、三聚氰氯等前驱体物质均匀地分散于有机试剂中，然后放置在密闭的容器里，在一定温度下，容器内部的压力达到一定值时，会发生一系列的化学反应，获得具有一定形貌的 g-$C_3N_4$ 粉末样品。这种方法具有合成温度低、反应时间较短、样品形貌均一可控以及结晶性良好等特点，通常用于制备超细粉体材料。比如一些研究以三聚氰胺和三聚氰氯为前驱体，以三乙胺作为溶剂，在温度压力分别为250℃、140MPa 的条件下，合成了以三嗪环为结构单元的 g-$C_3N_4$ 粉末状材料，还有一些研究者们以盐酸肼和三氯代嗪为原料，以苯为溶剂，利用溶剂热法制备出了结晶良好的 g-$C_3N_4$ 材料。

（4）微波热解法

通过微波加热制得前驱体物质快速受热，发生聚合，直到获得 g-$C_3N_4$ 材料为止。该方法的主要特点时加热迅速、反应时间短、效率较高，也可以大规模生产，成本相对较低。有些科学家们用尿素作为前驱体，用氧化铜为吸波物质，利用微波炉产生的微波，再经氧化铜颗粒吸收之后，氧化铜基质内瞬间能达到几百摄氏度的高温，尿素发生聚合，待其经过15min 的微波辐照后，生成了结晶性良好的 g-$C_3N_4$ 粉体材料，这些科学家们还对三聚氰胺、硫脲和氰胺等前驱体进行了类似的微波热解过程，也都制得了结晶良好的 g-$C_3N_4$ 粉体材料。

（5）热回流法

将前驱体物质溶于一定的溶剂中，然后采用加热回流的方式，使前驱体物质在液相中发生聚合反应，从而获得 g-$C_3N_4$ 材料。这种方法具有温度低、压力小、操作简单等特点。如一些科学家利用液相的单氰胺为前驱体，以水为溶剂，加热回流96h，制备出了石墨烯改性的 g-$C_3N_4$ 光催化材料。

### 2.5.4.4　g-$C_3N_4$ 调控对催化性能影响

（1）结构设计

纳米结构具有大的比表面积，这可以增大参与光催化反应的面积，提供更多的活性位点。目前，g-$C_3N_4$ 的几种典型的纳米结构已经被合成出来，如多孔结构g-$C_3N_4$、纳米空心球、一维纳米结构、二维纳米片等，单层的 g-$C_3N_4$ 也已经被合成出来。科学家们在实验中通过两个步骤合成了具有 0.5nm 厚度的单原子层，首先通过热蚀刻法将块状 g-$C_3N_4$ 变为纳米片，随后再用超声波剥离出单原子的纳米层，生成的单层 g-$C_3N_4$ 具有很高的光催化降解有机物的活性，其降解罗丹明 B 的效率是块体的 10.2 倍，此外还有高效的杀菌能力。通过分析荧光发射光谱以及电化学测试发现，光生载流子的寿命以及迁移能力均有很大的提升。除了上面的纳米结构，人们还合成出尺寸小于 10nm 的碳氮量子点（CNQDs）。由于其具有独特的上转换效应，可将红外光转化为可见光，可以作为一种能量转换元件与其他光催化材料复合。将它与 $TiO_2$ 复合不仅能有效提高对太阳光的利用率还能促进载流子的分离，极大地促进光催化产氢的效率。

（2）元素掺杂

对带边位置的调控可以有效扩大光吸收范围以及改变氧化还原势大小。阴离子掺杂一直作为调节能带结构的重要手段。选取合适的元素对 g-$C_3N_4$ 进行掺杂可以有效地减小其带隙，扩大光吸收范围。科学家们用硫元素 S 掺杂 g-$C_3N_4$ 使得其价带宽度增大，$\lambda > 420nm$ 光照下的产氧能为提升了 8 倍，且在 $\lambda > 400nm$ 光照下可将苯酚完全氧化。科学家们发现用 F 掺杂 g-$C_3N_4$ 可在结构中引入 C-F 键，使得部分 C 原子由 $sp^2$ 杂化变为 $sp^3$ 杂化，最终带隙减小，光吸收范围增加。类似地，人们还研究了 B、P、I 等阴离子掺杂 g-$C_3N_4$ 的光催化活性。

除非金属元素掺杂外，金属掺杂也同样被用来改进 g-$C_3N_4$ 的催化活性。由于阳离子与 g-$C_3N_4$ 中显负电性的 N 原子之间存在离子-偶极相互作用，这提升了 g-$C_3N_4$ 捕获阳离子的能力，使得金属元素更容易掺杂。科学家们通过第一性原理计算表明用 Pt、Pd 修饰 g-$C_3N_4$ 纳米管可以有效地减小带隙，拓展光吸收，提高载流子的迁移率，这些均有利于提升材料的光催化活性。人们还研究了一系列的过渡金属掺杂的情况，结果表明掺杂过渡金属，如 $Mn^{3+}$、$Fe^{3+}$、$Ni^{3+}$ 和 $Cu^{2+}$ 等，可以拓展光吸收范围、减少光生载流子的复合。此外，人们还研究了碱金属掺杂的情况，理论计算显示在层间掺入碱金属原子，如 $Na^+$、$K^+$ 可以促进载流子在层间的转移。

（3）材料复合

复合材料通过一些物理化学方法将两种或两种以上的材料有效地结合起来形成的一种创新性的复合体。原材料在复合后，彼此间的相互作用使得它们在性能上发生互补，体系的综合性能显著提升，出现协同效应。g-$C_3N_4$ 作为一种聚合物，其结构容易调控，便于和其他材料复合成异质结。将 g-$C_3N_4$ 与合适的材料复合，可以有效地解决其载流子复合快这一缺陷，提高载流子的寿命。目前常见的复合类型主要如下：

① g-C$_3$N$_4$与金属材料复合，如普通金属、贵金属、双金属材料等；

② g-C$_3$N$_4$与半导体材料复合，如宽禁带半导体 TiO$_2$、ZnO、Bi$_2$WO$_6$以及窄禁带半导体 BiOI、AgI 等；

③ 与碳族材料复合，如石墨烯、富勒烯、碳纳米管等；

④ g-C$_3$N$_4$与高分子聚合物复合，如 P3HT、不同方式制备的 g-C$_3$N$_4$等。

### 2.5.4.5　g-C$_3$N$_4$在光催化领域的应用

石墨相氮化碳 g-C$_3$N$_4$独特的结构决定了它在光催化领域具有广泛的应用。目前，g-C$_3$N$_4$主要应用于光分解水制氢（见图 2-8），光催化还原减少碳氢化合物燃烧是 CO$_2$的排放量，光催化污染物分解和杀菌消毒等方面。

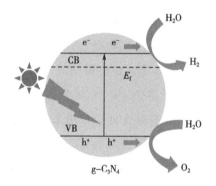

图 2-8　g-C$_3$N$_4$光分解水制氢示意

## 2.6　本章小结

本书提出利用太阳能 STEP 光-电-热三场协同耦合作用降解有机废水，将太阳光谱能量中红外光部分辐射能量转化为热能、可见光部分辐射能量转化为电能、紫外光部分辐射应用于光催化，将三种能量同时作用于同一反应，综合其各部分能量来进行有机废水的降解。此模式通过对太阳能的全光谱利用，大幅提高太阳能利用效率，同时系统作用光-电-热三场能量，提升有机废水的降解效率。开创了太阳能全光谱有机废水处理的先例。本书对于提高太阳能综合利用效率、综合利用太阳能全光谱能量高效降解有机废水具有开拓性的贡献。

　　本书分别以硝基苯和十二烷基苯磺酸钠作为目标有机物进行有机废水的实验室及户外降解实验。硝基苯的降解反应当中，由于硝基苯分子十分稳定，硝基是强钝化基，硝基苯须在较强的条件下才发生亲电取代反应，生成间位产物，对其进行氧化需要大量的能量。通常，通过热化学法无法实现硝基苯的降解反应；若在反应体系中加入氧化剂、催化剂等进行降解，又可能会导致二次污染等问题；传统的利用电化学法降解硝基苯的方法，由于最终降解率低、操作设备复杂、成本高等原因而在实际中应用不多。通过 STEP 理论热-电耦合的方法直接降解硝基苯和 SDBS 的反应，未见相关报道。

　　第一，本书建立太阳能热电耦合降解有机废水的反应模型，进行相关的理论分析及热力学计算。通过热力学理论计算可知，如果目标有机物的降解过程为吸热反应，随着反应温度的升高，有机物氧化的电解电位降低，所以增加体系中热能的投入的增加有利于反应过程中电能投入量的减少。可通过太阳能-热单元为反应过程提供热能，并通过太阳能-电单元为反应过程提供电能，太阳能 STEP 电-热两场耦合的模式适合降解有机废水的反应。

　　第二，通过循环伏安检测有机物在电极表面发生氧化反应的情况，同时在相同的电解质及电解条件下检测，证实待降解目标有机化合物可以被氧化。对反应所需要电解质类型、pH 值电解条件等进行初步确定。考察随温度升高有机物氧化程度及产物组成的变化情况。探讨 STEP 热-电两场耦合作用模式下有机废水降解的影响因素。

　　第三，为了全光谱利用太阳能光谱能量，在降解的过程中引入太阳能紫外光谱部分能量的利用，将原位生长的二氧化钛纳米管（$TiO_2$ NTs）电极应用于光催化降解硝基苯，同时，为了提高其光催化效果，对其进行了一系列的改性研究，包括结构改性、贵金属粒子负载、非金属纳米粒子负载。实验结果表明多种改性方式对提升了 $TiO_2$ NTs 降解的光催化性能。

　　第四，在太阳能热-电两场耦合作用的基础之上，为了实现太阳能全光谱利用（红外、可见、紫外），进一步提高有机废水降解效率，研究了 STEP 光-电-热三场耦合协同作用有机废水，得到更高效的降解效率。

# 第 3 章
# STEP 有机废水降解模型和理论分析

## 3.1 STEP 化学过程理论模型

太阳能电池是通过光伏效应或者光化学效应直接把光能转化成电能的装置，其材料主要是半导体材料，不同的半导体材料具有不同的隙带。太阳光中具有能量的光子将半导体材料的电子激发，使得该电子成为自由电子从而产生电流。

室温下进行电解反应所需能量无法由单一小系带半导体提供，但由两个或者多个半导体组合可以提供室温下电解反应所需能量。这些组合的方式可以是多个相同隙带的半导体串联（如多个硅电池串联）也可以是对太阳能不同波段作出反应的半导体（如多隙带半导体）的并联，其目的都是使得半导体的隙带与发生反应的化学电势相匹配，为了达到半导体的带隙与发生反应的化学电势相匹配，研究者大多将半导体的带隙（$E_g$）变小以增加其吸光范围，或者采用多带隙结构的半导体，使太阳光中的光子将半导体材料的表面电子激发，产生光致电子和空穴的分离，从而更好地适应反应所需的电化学电势。但是利用这种方法来转化利用太阳能，可以利用的太阳能只局限于 $h\nu > E_g$ 部分光子的能量，无论多隙带半导体还是单带隙半导体结构，都无法在带隙边缘以外的范围进行光子激发，所以波长范围在紫外部分的太阳光一直没有得到有效的利用，太阳能利用效率一直得不到有效提高。

太阳能热电化学过程（solar thermal electrochemical process，STEP）。其实质是综合利用太阳光紫外、可见、红外部分光谱能量的能量，能够同时将紫外光部分应用于光催化，可见光部分转化为电能，红外光部分转化为热能，并且将之引入同一化学反应体系当中，全面提高太阳能的利用效率。STEP 化学过程的核心思想就是全面利用太阳光光谱能量同时驱动同一化学反应进行。通常利用 STEP 化学过程首先需要将太阳能加以转化才能利用，以便于匹配特定的目标反应类型。这些转化的方式包括以下几种。

① 太阳能-电能-化学能路径（electrochemical，eV-path），主要利用的是太阳光可见光部分能量；

② 太阳能-光催化-化学能路径（photochemical，hν-path），主要利用的是太阳光紫外光部分能量；

③ 太阳能-热能-化学能路径（thermochemical，KT-path），主要利用的是太阳光红外光部分能量。

STEP 化学过程的基本原则主要包括两个方面，一个是提高反应过程效率，一个是提高太阳能利用率。针对一个能够利用太阳能的化学反应而言，直接光催化进行时太阳的利用效率最高，即 hν-path，因为这是太阳能无须任何转换就可以将能量利用到反应过程本身。其次将优先考虑应用的是利用热能，即 KT-path，因为太阳能光谱能量中红外部分占整体能量的 43%，且太阳能-热能的转化效率最高可达 80%。最后考虑应用的是利用电能，即 eV-path，因为太阳能光谱能量中可见部分虽然占整体能量的 50%，但太阳能-电能的转化效率最高仅为 40%，通常仅为 20%左右，而且转化过程中的光伏电池的造价较高，即转化后单位能量的成本最高。从化学反应的角度来看，太阳能驱动化学过程效率必须同时追求反应的效率和选择性，而这两点将完全由反应的基本性质决定。根据反应本身的特点，如光化学、电化学和热化学敏感性等，STEP 化学过程是由热力学和动力学结合起来的作用的化学过程，即高效的太阳能转换和有效的化学反应。

从某种意义上说，太阳能的通量可以支配和引导反应的途径和产物，热力学和动力学将改变化学反应的基础。因此，通过对太阳转换和利用、反应热力学和动力学的深入解析，将能够更加清楚地了解 STEP 化学过程的基本原理。

STEP 化学过程通过高温途径将电解反应所需自由能降低，该过程利用太阳能为反应过程的电子提供所需能量并促进电子转移，然后太阳能-热能转换过程升高电解槽内的温度，所以能够有效地提高太阳能 STEP 过程转化效率。对于任意一个利用太阳能来实现有机废水降解的化学反应而言，都离不开两个目的，一个是高效性，这里既包括高太阳能利用效率，也包括高降解效率；另一个就是高选择性。如果体系中存在不同种物质的情况，希望能够研究出针对某一种或几种物质能够迅速降解而不影响体系中其他物质的存在形态。

这两个目的的实施和实现，很大程度上取决于反应自身的局限性，例如光化学、电化学或者热化学部分的性质。STEP 化学过程取决于一个反应的热动力学性质及其反应的动力学过程是否能够与太阳能能级相匹配，达到高太阳能利用效率和高化学反应速度的目的。图 3-1 为 STEP 化学反应机理。

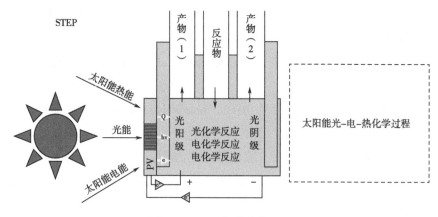

**图 3-1　STEP 化学反应机理**

STEP 过程是一个与太阳能光-电-热利用技术不同的新型太阳能利用技术。其实质是利用太阳能全光谱及其光-电-热三场能量耦合匹配来驱动化学反应过程，并且根据化学反应特征，通过光-电-热三场的调节来降低驱动化学反应所需的能量。STEP 化学过程可以通过升高反应体系的温度来改变氧化还原电位反应，匹配半导体材料的禁带宽度，这个过程不仅能够利用太阳光的可见光区和紫外光区部分，还能够利用红外光区及远红外区，实现太阳光的全谱段利用以及其相应的三级作用，实现纵向和横向的耦合匹配。

在 STEP 理论化学过程中，根据太阳能转化成为热能和电能之间转换率的差异，化学反应能力的投入形式的原则为尽可能多地使用太阳能-热能，以减少太阳能-电能的投入，直接体现在降低电化学反应的电势上。在太阳能-热能的辅助作用下，使原本太阳能-电能的化学途径发生改变或者得到修复。太阳能以热能的形式投加反应当中，减少吸热电化学氧化/还原所需的能量，使待反应物质成为活化态。在集中式（高温）太阳能-热能的应用下，可以使许多热力学禁止的反应变成可发生反应。利用 STEP 理论化学过程在高热作用下降低电化学电位，是利通过耦合匹配特定的化学反应中热-电协同作用来调节反应温度与电势，改变了传统太阳能利用过程中，通过调整半导体带隙匹配太阳能利用过程的步骤。

STEP 理论化学过程协同作用在同一反应过程当中同时提高三个效率，包括能量转换效率、反应效率和产品选择性，主要通过以下几个方面调节。

① 以太阳能作为全部来源，没有任何其他的能量输入驱动化学反应的进行；

② 协同匹配太阳光谱范围和耦合太阳能-热能、太阳能-电能与太阳能-光能；

③ 平衡同一反应中光化学、热化学和电化学反应部分。

STEP 理论化学过程提出以来，其实验研究和理论分析得到了不断的拓展和应用，包括太阳能 STEP 炼铁、太阳能 STEP 制氢、太阳能 STEP 合成氨、太阳能 STEP 碳捕捉、太阳能 STEP 有机合成、太阳能 STEP 煤清洁转化、太阳能 STEP $CO_2$ 制备合成气等过程。在这些过程当中，最高的太阳能效率高达 50%。

STEP 理论化学过程的方程式如下所示。

（1）含能分子的产生

［稳定分子］（例如 $CO_2$）－［通过 STEP 化学过程］→［含能分子］（例如 CO 和 C）

［稳定分子］（例如 $H_2O$）－［通过 STEP 化学过程］→［含能分子］（例如 $H_2$ 和 $O_2$）

［低能级分子］→［通过 STEP 化学过程］→［高能级分子］

（2）稳态分子过渡为非稳态分子

［稳态分子］（例如有机质）－［通过 STEP 化学过程］→［矿化分子］（例如 $CO_2$）

（3）太阳能转化为太阳能燃料以达到能量升级

［低品级能量］（例如页岩焦油）－［通过 STEP 化学过程］→［高品级能量］（例如烃类燃料）

（4）特殊中间体合成

［有机分子］（例如有机质）－［通过 STEP 化学过程］→［特定有机分子］

## 3.2 STEP 化学过程能量耦合

在 STEP 化学过程当中，太阳能作为全部能源的来源，可以将太阳能-热能、太阳能-光能和太阳能-电能单独或者耦合匹配应用在同一个化学反应过程当中。将太阳能定义为太阳能 Ⅰ 能级（solar energy Ⅰ），处在第一能级（level one）的位置上，根据太阳光谱的范围不同，其利用方式和利用范围也有所不同。

① 当太阳能通过光谱中可见光能量转化为电能（photo to electro，PTE）的方式被化学反应所利用时，转化率为 14%～40%，这就意味着太阳能 Ⅱ 能级（solar energy Ⅱ）中的电能部分占太阳光可见光部分能量的 14%～40%。

② 当太阳能通过光谱中红外光能量转化为热能（photo to thermo，PTT）的方式被化学反应所利用时，转化率为 65%～80%，这就意味着 solar energy Ⅱ 中的热能部分占太阳光红外光部分能量的 14%～40%。

③ 太阳能光能需要依靠光敏材料才能加以利用，根据光敏材料对不同太阳光辐射的吸收度，其转化机理和效率也有很大的差别，由于在这个转换过程中，光能可以直接被引入到化学反应当中而不需要借助于其他转化方式和手段，所以视其在第二能级（level two）为100%转化率，即solar energy Ⅱ中的光能部分占太阳光紫外部分能量的100%。太阳热效应和电效应的研究目前来说已经有很成熟的技术手段，光敏材料的开发和改性是目前科学研究的重点。

在STEP化学过程当中，目标化学过程实际上是由太阳能三个子化学反应驱动的：电化学、光化学和热化学反应。三个子化学反应中太阳能能够转化的部分定义为第三能级（level three）。传统的太阳能转化化学过程都是在单一场的能量作用下进行的，所以其效率局限于太阳能-热能/太阳能-电能自身的转化效率，而太阳能-光能即使其转化效率视为100%，由于其在太阳光谱总能量中的有限分布，所以对于整体太阳能利用效率而言，仍然不可能有更大程度的提高。从最大限度利用太阳能-化学能的目标出发，将三场两两耦合或者三场耦合，协同作用于同一化学反应，将耦合匹配后的可利用的太阳能定义为第四能级（level four），通过多场之间的协同作用，控制各场投加比例，能够使太阳能对化学的转化效率得到根本上的提高。最后评估太阳的最终利用效率，需要了解特定条件下化学反应的自身效率，根据化学反应的产出物量，能够得到折算后的太阳能-化学能效率，将其定义为第五能级（level five），完成了太阳能STEP化学过程的完整转化机制。

## 3.3　STEP有机废水降解理论基础

### 3.3.1　STEP有机废水降解的理论分析

当一个小带隙的半导体（如硅基光伏电池）作为电源时，由于其产生的电压过低，同时其转化的电能总量也不足以驱动一个电化学降解有机废水反应的发生，所以目前很多研究的热点集中在通过调整半导体的带隙 $E_g$ 来匹配化学反应的进行，或者是通过多个不同带隙的半导体协同工作产生足够大的电压。

这些方法的共同缺陷就是对于太阳光波长大于其半导体带隙值时，它们都不能产生光致激发现象，从而导致没有光电压的产生，将不能对化学反应提供电能。即使在电压足够高的情况下，由于一些难降解有机物质的电化学窗口较高，若要将其有效降解，需要的电解电位均在水的电解电位之上。在通过电化学方法进行废水处理的同时，会有大量电解水反应以副反应的形式同时发生，这样会造成能量的大量浪费。而 STEP 化学过程利用太阳能红外波长范围能量，使其转化为热能对反应体系提供能量，通过集热装置提升待处理有机废水温度，同时将太阳光可见光波长范围能量通过光伏装置发电，使其转化为电能对反应体系提供电解能量，或者协同利用光催化同时对有机废水进行光催化降解，这种多场耦合作用应用于同一反应体系（如有机废水降解体系）的太阳能利用模式能够克服太阳能单场利用的转化率低缺点，实现太阳能光-电-热场耦合匹配驱动有机废水降解的过程。

STEP 化学过程通过调整化学反应的路径，在高温的条件下进行电化学反应，根据化学热力学和动力学的分析，有机废水的降解反应均为热力学的吸热反应，通过提升反应体系温度，可以降低降解反应所需的电势，达到节省电能的目的。STEP 化学过程利用太阳能及其转化后的能量形式，驱动热力学上原本不能自发进行的反应（$\Delta G > 0$），这一过程结合了其他非体积功的作用，包括太阳辐射及高温电化学能量转化等因素。

## 3.3.2　STEP 有机废水降解的热力学分析

通过对 STEP 有机废水降解过程的理论分析，认为必须选取合适的化学反应类型，调整其反应路径来匹配应用太阳能来驱动反应的发生，而化学反应的基础理论就是化学动力学和化学热力学，当这两者发生改变时，化学反应的路径和机理也就随之发生变化。化学热力学可以用来判断一个反应是自发的还是非自发的，热能对反应的作用是有利的还是不利的，可以用来预测当热效应和电效应协同作用于同一反应时反应动力学可能发生的变化。对于常见的吸热反应，将太阳能-热能大量投入反应当中有利于反应的进行，而从电化学反应的热动力学理论计算也可以得出热能的投入可以有效降低反应所需的电势。

STEP 有机废水降解过程遵循热力学定律。电化学参数可以用热力学的概念来计算，通常包括热容、燃烧热、合成热、焓、熵、自由能和热量等。对于通常的化学反应来说，化学反应的方程形式为：

$$A + B = C + D \tag{3-1}$$

式中　A，B，C，D——分别代表四种化学物质。

另外，可以通过已知的熵（$S$）、焓（$H$）和自由能（$G$）等热力学数据来决定其反应的过程，并通过等温条件下电池电势的计算来推导反应的等温系数

$(dE/dT)_{\text{isoth}}$：

$$(dE/dT)_{\text{isoth}} = \Delta S/nF = (\Delta H - \Delta G)/nFT \tag{3-2}$$

式中　$(dE/dT)_{\text{isoth}}$——等温系数；

　　　　$S$——熵，J/（mol·K）；

　　　　$\Delta S$——熵变，J/（mol·K）；

　　　　$n$——物质的量，mol；

　　　　$F$——法拉第常数，96485.34 C/mol；

　　　　$H$——焓，J；

　　　　$\Delta H$——焓变，J；

　　　　$G$——自由能，J；

　　　　$\Delta G$——自由能变，J。

　　STEP 化学过程模型建立的第一步都是写出反应的电化学方程式。对于一个电化学反应来说，反应过程中有 $n$ 个电子发生了转移，有 $x$ 个反应物 $R_i$，其化学计量数分别为 $r_i$，反应生成了 $y$ 个生成物 $C_j$，其化学计量数分别为 $c_j$，利用 $E = E_{\text{阴极}} - E_{\text{阳极}}$ 来计算一个非自发进行的电化学反应电势：

$$[\text{阳极} \mid \text{电解液} \mid \text{阴极}]$$

$$\sum_{i=1} - xr_iR_i \rightarrow \sum_{j=1} - yc_jC_j \tag{3-3}$$

式中　$R_i$——反应物；

　　　　$r$——反应物化学计量数，mol；

　　　　$C_j$——生成物；

　　　　$c_j$——生成物化学计量数，mol。

　　在任意电解温度（$T_{\text{STEP}}$）、单位活度条件下，反应的电化学电势（$E^{\circ}_T$）可以通过热力学数据计算得出：

$$E^{\circ}_T = -\triangle G^{\circ}(T = T_{\text{STEP}})/nF$$

$$E^{\circ}_{\text{环境}} = E^{\circ}_T(T_{\text{环境}}) \tag{3-4}$$

式中　$E^{\circ}_T$——反应的电化学电势，V。

$$T_{\text{环境}} = 289\text{K} = 25℃ \tag{3-5}$$

$$\Delta G^{\circ}(T = T_{\text{STEP}}) = \sum_{i=1-y} c_j[H^{\circ}(C_i, T) - TS^{\circ}(C_i, T)] -$$

$$\sum_{i=1-x} r_j[H^{\circ}(R_i, T) - TS^{\circ}(R_i, T)] \tag{3-6}$$

式中　$\Delta G^{\circ}$——标准状态下自由能变，J；

　　　　$c$——生成物化学计量数，mol；

$H°$——标准状态下焓，J；

　$C$——生成物；

　$S°$——标准状态下熵，J/（mol·K）；

　$T$——温度，K；

　$R$——反应物。

温度对氧化还原电位和电化学迁移率的影响和改变很显著。可以利用热力学标准数据，如美国国家标准与技术研究院（NIST）热化学数据集来确定单位活度 $E°_T$。有机废水处理中，由于有机物的所在的介质就是水，活度系数在这种介质中的变化也是必须要考虑到的参数之一，并通过方程式（3-6）加以计算。

对于反应物 $R_i$ 和生成物 $C_j$，反应电势随活度的变化可以表示为：

$$E_{T,a} = E°_T - (RT/nF) \cdot \ln[\prod_{i=1}(aR_i)r_i / \prod_j (aC_j)c_j] \tag{3-7}$$

式中　$E_{T,a}$——反应电势随活度的变化，V；

　$E°_T$——标准状态下单位活度电势，V；

　$R$——摩尔气体常数，8.314J/（mol·K）；

　$a$——活度；

　$R_i$——反应物；

　$r_i$——反应物化学计量数，mol；

　$C_j$——生成物；

　$c_j$——生成物化学计量数，mol。

$E_{热平衡}$可以通过已知的热力学数据来计算，通过反应的焓变来维持无冷却反应的进行，通常认为高温对其没有影响，可以表示为

$$E_{热平衡}（T_{STEP}） = -\Delta H（T）/nF \tag{3-8}$$

$$\Delta H(T_{STEP}) = \sum_i c_i H(C_i，T_{STEP}) - \sum_j r_i H(R_j，T_{STEP}) \tag{3-9}$$

式中　$E_{热平衡}$——热平衡电势，V；

　$\Delta H$——焓变，J；

　$H$——焓，J。

## 3.3.3　STEP-SDBS 降解的热力学分析

SDBS 通常为白色或淡黄色的粉状或片状固体，难挥发，易溶于水，其水溶液为半透明溶液，具有微毒性，是一种常用的阴离子型表面活性剂。SDBS 分子结构如图 3-2 所示，在苯环上一侧连有磺酸基，另一侧为直链或直链烷烃结构。

图 3-2　SDBS 分子结构

SDBS 降解热动力学理论如图 3-3 所示。

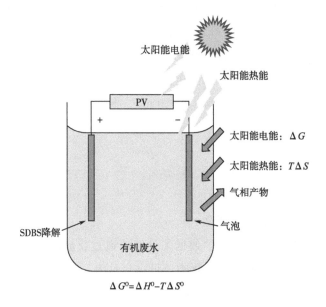

图 3-3　SDBS 降解热动力学理论

（PV 为光电系统简称）

阳极：

$$C_{18}H_{29}NaO_3S + 37\,H_2O(l) \longrightarrow 18CO_2\uparrow(g) + SO_4^{2-} + Na^+ + 103H^+ + 102\,e^-$$

$$(3\text{-}10)$$

阴极：

$$102H^+(l) + 102e^- \longrightarrow 51H_2\uparrow(g) \qquad (3\text{-}11)$$

全电池反应

$$C_{18}H_{29}NaO_3S + 37H_2O(l) \longrightarrow 18CO_2(g) + SO_4^{2-} + Na^+ + H^+ + 51H_2\uparrow$$

$$(3\text{-}12)$$

太阳能可以驱动 SDBS 的电化学分解反应，同时在阴极释放出氢气。在利用太阳能作为全部能量来源降解有机废水的同时，还能够产生燃料，这是一种非常经济高效绿色的表面活性剂有机废水降解途径。

为了更具体地显示温度对降解电势的影响，利用能斯特方程来计算表征电解电势和吉布斯自由能之间的关系。由于在计算的过程当中，SDBS 的热动力学数据在 NIST 数据库中并不完善，所以采用量子化学的方法来计算反应条件中温度的变化对全电池反应吉布斯自由能的影响。采用泛密度函数方法在 B3LYP/6-31G (d) 能级计算得出吉布斯自由能，如表 3-1 所示。

**表 3-1　B3LYP/6-31G (d) 能级理论在不同温度条件下吉布斯自由能和电势**

| 温度/K | 298 | 303 | 323 | 343 | 363 |
|---|---|---|---|---|---|
| $\Delta_r G_m^\circ$/J | 1407.27 | 1391.25 | 1329.45 | 1263.97 | 1200.01 |
| $E_T$/V | 0.1430 | 0.1414 | 0.1351 | 0.1284 | 0.1219 |

从图 3-4 中可以看出，通过利用 B3LYP/6-31G (d) 能级理论计算，在 SDBS 的氧化过程中，随着太阳能热能投入量的增加，即体现在反应条件中温度的增加，SDBS 氧化降解电势有逐渐减少的趋势。在热能投入大大增加的情况下，可以得到如图 3-5 所示的电势变化电势模型。其中 $Q$ 为热降解过程需提供热能，$E_T$ 为电热化学共同作用下系统需提供电能，$E_{RT}$ 为电解过程需提供电能，由图中关系可知 $E_{RT} \gg E_T$。

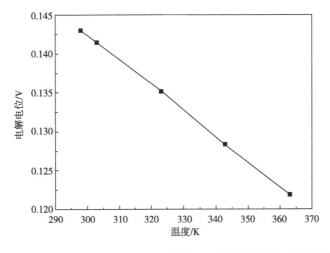

**图 3-4　B3LYP/6-31G (d) 能级理论温度对 SDBS 电化学氧化理论电解电位影响**

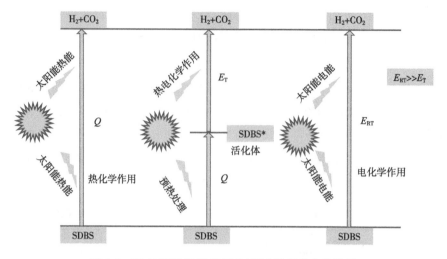

图 3-5　STEP 理论降解 SDBS 过程电势变化电势模型

## 3.3.4　STEP-NB 降解的热力学分析

硝基苯的电化学在阳极发生氧化反应生成二氧化碳和硝酸,同时在电解槽的阴极产生氢气。电池反应方程式为:

阳极:

$$C_6H_5NO_2(l)+13H_2O(l)\longrightarrow6CO_2(g)+HNO_3+30H^+(l)+30e^-\qquad(3\text{-}13)$$

阴极:

$$30H^++30e^-=15H_2(g)\uparrow\qquad(3\text{-}14)$$

完整的电池反应:

$$C_6H_5NO_2(l)+13H_2O(l)\longrightarrow6CO_2(g)+HNO_3+15H_2(g)\qquad(3\text{-}15)$$

太阳能可以驱动硝基苯的电化学氧化,并在阴极释放氢气。根据硝基苯氧化的完整电池反应,可得到电池反应中各物质在不同温度下的热力学数据如表 3-2 所示。利用这些数据计算得出该电池反应的焓变和熵变,从而求得硝基苯降解的理论电解电势。

由表 3-2 中数据可以看出,在各温度下的反应电势皆为负值而熵变为正值,两者都证明硝基苯的降解反应是一个非自发过程,所以需要对体系外加非体积功才能保证反应的顺利进行。

表 3-2　太阳能 STEP 过程降解硝基苯光电单元各物质热力学数据

| T/K | $C_{p.m}$/ [J/ (mol・K) ] | | | | | $\Delta C_p$ / [kJ/ (mol・K) ] | $\Delta_r H^\circ_m$/ (kJ/mol) | $\Delta_r S^\circ_m$ [kJ/ (mol・K) ] | $\Delta_r G^\circ_m$ / (kJ/ mol) | $E^\circ_T$ /V | $E_T$ /V |
| | $C_6H_5NO_2$ | $H_2O$ | $CO_2$ | $HNO_3$ | $H_2$ | | | | | | |
| 298 | 110.6 | 66.33 | 37.28 | 110.1 | 28.84 | −0.2065 | 4269 | 2.265 | 3594 | −1.241 | 1.241 |
| 313 | 114.9 | 67.74 | 37.88 | 109.8 | 28.93 | −0.2244 | 4265 | 2.254 | 3560 | −1.230 | 1.230 |
| 328 | 119.2 | 69.23 | 38.47 | 109.6 | 29.00 | −0.2438 | 4262 | 2.242 | 3526 | −1.218 | 1.218 |
| 343 | 123.4 | 70.82 | 39.04 | 109.5 | 29.06 | −0.2645 | 4257 | 2.230 | 3492 | −1.206 | 1.206 |
| 353 | 126.2 | 71.93 | 39.42 | 109.5 | 29.09 | −0.2790 | 4254 | 2.222 | 3469 | −1.198 | 1.198 |
| 373 | 131.7 | 74.27 | 40.16 | 109.5 | 29.14 | −0.3096 | 4246 | 2.205 | 3423 | −1.182 | 1.182 |

　　根据参与电化学反应中各物质的热力学数据，计算得出硝基苯氧化反应的 $\Delta_r H^\circ_m$、$\Delta_r S^\circ_m$ 和 $\Delta_r G^\circ_m$ 随温度的变化。通过式（3-4）可以计算出硝基苯电解电位随温度的变化情况。由图 3-6 可知，硝基苯的电解电位随着温度的升高而逐渐下降，从 20℃时的 1.2414V 降至 100℃时的 1.1850V，说明热能的作用能够降低硝基苯的电解电势。通过计算得出的硝基苯电势变化曲线，为应用 STEP 过程进行高效降解含硝基苯废水提供了理论基础。

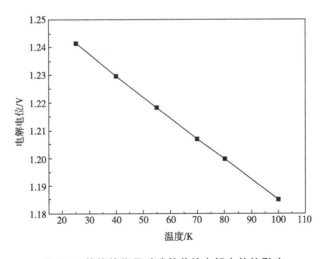

图 3-6　热能的作用对硝基苯的电解电势的影响

## 3.4　本章小结

为了达到太阳能全光谱利用的目的，从根本上提高太阳能的利用效率，利用 STEP 化学过程将太阳能通过电化学路径、光化学路径和热化学路径加以转化利用，匹配特定的目标反应类型。通过调整化学反应的路径，在高温的条件下进行电化学反应，根据化学热力学和动力学的分析，驱动热力学上原本不能自发进行的反应（$\Delta G > 0$）。对反应过程进行理论分析，根据热力学基本数据，进行 SDBS 和硝基苯氧化降解的热力学计算，结果表明电化学降解的过程随着反应温度的升高而电势降低，判断可以应用太阳能 STEP 理论进行目标有机物的有机废水的降解反应。

# 第4章
# STEP 两场耦合有机废水降解研究

太阳能 STEP 过程的核心思想是一种太阳能多光谱段综合利用的理念。根据目标反应的类型，将多场之间的能量加以耦合匹配利用，在 STEP 热-电两场耦合作用的工作模式当中，将太阳光谱中红外部分能量通过太阳能集热器转化为热能，将可见光谱部分能量通过半导体光伏电池作用转化为电能，耦合作用于同一反应中，作为目标降解化学反应的全部能量来源，所以对需要能量较高的反应（即热力学角度计算的吸热反应），STEP 热-电两场耦合和 STEP 光-热两场耦合作用的效果明显。STEP 两场耦合作用过程利用化学反应将太阳能转化为化学能，具有操作方便、转化率高的特点，在太阳能转化实际应用中具有广阔的应用前景。

STEP 热场与其他场的耦合过程通过匹配特定的化学类型，以及该反应过程中所需热能及电能的比例，最大限度地发挥电化学及热化学在反应过程中的作用，通过调控反应的温度及电解的电压，得到最佳的有机物降解率。

① 太阳能光谱能量中红外部分占整体能量的 43%，且太阳能-热能的转化率高达 80%；

② 太阳能光谱能量中可见部分虽然占整体能量的 50%，但太阳能-电能的转化效率最高仅为 40%，通常仅为 20% 左右；

③ 水的理论电解电压为 1.23V，当电压过高时，降解有机废水的电能投入将会因为部分用来分解水而产生能源上的浪费。

在降解有机废水的反应过程当中，尽可能多地利用太阳能热能部分的能量，将有利于提高太阳能的整体利用效率。本章以处理含 SDBS 和硝基苯的有机废水为例，通过实验分析降解过程中的最佳条件，深入分析热能的投入量对降解过程和降解机理的影响。实验分别测定了模拟废水室内条件降解效果、模拟废水全户外应用太阳能作用条件降解效果以及实际有机废水降解效果，均得到了满意的降解效率。根据实验过程中不同阶段的产物类型及产物量，分析太阳能-热能过程和太阳能-电能过程协同作用条件对降解机理产生的变化，实验结果证明降解的路径变化是导致降解速率增加的主要原因之一。为了能够更好地将太阳能 STEP 两场耦合过程真正地推广应用，便于实时检测反应进程，研制适用于 STEP 有机废水降解过程的实验装置，并利用该装置分析计算了降解过程中能量的投入量与降解率之间的量化关系。

# 4.1　实验部分

## 4.1.1　药品与试剂

实验所用的主要试剂如表 4-1 所示。

表 4-1　实验试剂

| 试剂名称 | 纯度 |
| --- | --- |
| 蒸馏水 | 自制 |
| 硝基苯（NB，$C_6H_5NO_2$） | AR |
| 十二烷基苯磺（SDBS，$C_{18}H_{29}NaO_3S$） | AR |
| 马来酸（$C_4H_4O_4$） | AR |
| 苯醌（$C_6H_4O_2$） | AR |
| 甲醇（$CH_4O$） | AR |
| 硫酸钠（$Na_2SO_4$） | AR |
| 氯化钠（$NaCl$） | AR |
| 浓盐酸 | AR |
| 氢氧化钠（粒） | AR |
| Pt 电极 | 99.99% |
| 三聚氰胺 | AR |
| 1-丁基-3-甲基咪唑六氟磷酸盐 | AR |
| 乙酸 | AR |

注：AR 表示分析纯。

## 4.1.2　STEP 降解有机废水分析仪器

### 4.1.2.1　STEP 降解 SDBS 分析仪器

电化学工作站，BAS，型号 Epsion-EC。气相色谱仪，岛津，型号 GC-14C。紫外-可见分光光度计，岛津，型号 UV-1700。红外光谱仪，Bruker Optic，型号 Tensor 27。万用表，VICTOR，型号 VC86E。热重分析仪，美国 Perkin Elmer

公司，Diamond TG/DTA。总有机碳的检测仪，岛津，TOC-LCPH/CPN。

反应路径和反应机理通过热助循环伏安和荧光光谱来分析，不同温度下 SDBS 的降解率采用荧光分光光度计来测量，型号 LS-55，美国 Perkin Elmer 公司，扫速 50nm/min。

#### 4.1.2.2　STEP 降解 NB 分析仪器

电化学工作站，BAS，Epsion-EC 型。红外光谱仪，Bruker Optic，Tensor27 型。气相色谱仪，Shimadzu，GC-14C 型。紫外-可见分光光度计，Shimadzu，UV-1700 型。万用表，VICTOR，VC86E 型。

通过紫外-可见光透射光谱来检测硝基苯的浓度；通过滴定法确定分解前后硝基苯的 COD（$K_2Cr_2O_7$）值。通过液相色谱（Shimadzu LC-2010AHT，Hypersil ODS2-C18，5μm，4.6mm×150mm）分析中间产物，进样量为 20μL，检测波长为 254nm，温度为 25℃，流动相为甲醇-水体系（体积比为 1∶3），流速为 1.2mL/min。采用离子色谱（IC，Metrohm 883 Basic Ic Plus，Switzerland）来检测降解产物的离子浓度，检测色谱柱为阴离子交换色谱柱（6.1006.5X0 Metrosep A Supp5-150/4.0）。移动相为 $Na_2CO_3$/$NaHCO_3$ 体系，流速为 0.7mL/min。利用总有机碳的检测仪（TOC，TOC-LCPH/CPN，Shimadzu，Japan）来确定降解过程中的矿化效果。利用短弧氙灯（CHF-XM-500W）模拟太阳光。

#### 4.1.2.3　STEP 降解过程循环伏安测试

热助循环伏安（CV）测试采用电化学工作站进行，扫描速率为 50mV/s。采用三电极体系进行 CV 测试，工作电极和对电极均为铂电极（20mm×20mm），参比电极为 Ag/AgCl 电极（CH111，ChenHua）。CV 测试在高浓度反应物条件下进行以得到较为明显的氧化还原峰，模拟有机废水中目标污染物 SDBS 和 NB 的浓度均为 1000mg/L。体系中电解质浓度为 5g/L，测试电解质分别采用硫酸钠和氯化钠，用以比较不同电解质的条件下目标有机污染物的电化学行为。

### 4.1.3　STEP 降解有机废水实验装置

#### 4.1.3.1　STEP 热-电两场耦合模式有机废水实验装置

有机废水的降解采用 STEP 热-电两场耦合模式进行。在室内实验中，通过直流电源提供模拟太阳能光电流，通过恒温水浴锅控制反应体系温度。电解槽包含 2 个 20mm×20mm 的铂电极。对于混合物产品的分析在室温下进行，SDBS 模拟废水的浓度为 50mg/L，体积为 50mL，电解质浓度及 pH 值条件实验降解过程电流密度为 20mA/cm²，硝基苯模拟废水的浓度为 200mg/L，体积为 30mL。原位微反应仪（In-situ TEC-MRA）中测试硝基苯模拟废水的浓度为了匹配紫外-可见分光光度计量程范围，浓度设定为 20mg/L。

STEP 热-电两场有机废水降解实验模型和装置如图 4-1 所示。

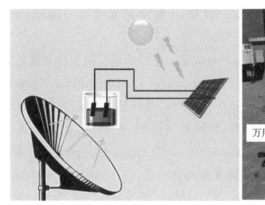

（a）实验模型装置　　　　　　　　　　（b）室外实验装置

**图 4-1　STEP 热-电两场有机废水降解装置**

在全户外实验中，实验装置如图 4-1（b）所示，利用聚焦太阳光的反射镜提供反应体系所需热能，在其中心点的位置设置电化学反应装置，最高温度可达 500℃。利用多晶硅光伏元件产生反应所需电能，在最大功率点可产生的电压高达 18V。太阳能 STEP 热-电两场耦合模式可以综合利用太阳能热能和电能为有机废水的降解反应提供能量。反应器位于太阳能聚光器抛物面（ϕ1.5m）的焦点处，通过温度控制器来调整反应体系温度，控制太阳能热量输入的比例。光伏电池输出的电压应用到配有光电压调节器的电解槽中，随时间电流变化曲线通过万用表测量。在户外条件下，装置单位时间最大输出热能为 55kJ/min。为了调整产生能量与所需能量之间差值，以及各个时刻太阳能分布不均衡的实际状况，需要随时调整反射镜与太阳光入射角度。

#### 4.1.3.2　STEP 光-热两场耦合模式有机废水实验装置

当采用 STEP 光-热两场耦合模式进行有机废水的降解过程时，主体实验装置如图 4-1（b）所示，利用聚焦太阳光的反射镜提供反应体系所需热能，光能为太阳能直接利用，拆除太阳能电池板。太阳能 STEP 光-热两场耦合模式可以综合利用太阳能热能和光能为有机废水的降解反应提供能量。

### 4.1.4　g-C₃N₄制备及其改性

采用热聚合法制备 g-$C_3N_4$，采用三聚氰胺作为前驱体，调控反应条件优化合成工艺以制备 g-$C_3N_4$。该方法主要以前驱体在真空管式炉或马弗炉中进行高温热聚合反应来制备。

取 30g 三聚氰胺置于 100mL 烧杯中，将烧杯放在 80℃烘箱中过夜除去三聚氰胺中的水分。本实验选择坩埚作为反应容器，将干燥好的三聚氰胺放入适当大小的坩埚中，用多层锡纸密封。然后在马弗炉中加热至 600℃，并且保持马弗炉的加热速度始终保持在 5℃/min，当温度达到 600℃后恒温 4h。反应结束后，自然冷却至室温，得到黄色固体样品。得到的固体样品用玛瑙研钵研磨成粉末，以便表征和催化剂性能测试。

采用热聚合法制备掺杂离子液体的 g-$C_3N_4$（简称 P/g-$C_3N_4$），采用三聚氰胺作为前驱体，调控反应条件来优化合成工艺以制备掺杂离子液体的 g-$C_3N_4$。该方法主要以前驱体在真空管式炉或马弗炉中进行高温热聚合反应来制备。

取 30g 三聚氰胺置于 100mL 烧杯中，将烧杯放在 80℃烘箱中过夜除去三聚氰胺中的水分。本实验选择坩埚作为反应容器，将干燥好的三聚氰胺掺杂适量的离子液体放入适当大小的坩埚中，用多层锡纸密封。然后在马弗炉中加热至 600℃，并且保持马弗炉的加热速度始终保持在 5℃/min，当温度达到 600℃后恒温 4h。反应结束后，自然冷却至室温，得到黑色固体样品。得到的固体样品用玛瑙研钵研磨成粉末，以便表征和催化剂性能测试。

## 4.2　STEP 热-电两场耦合 SDBS 降解

### 4.2.1　STEP 降解 SDBS 循环伏安分析

循环伏安法（cyclic voltammetry，CV）是常用的电化学研究方法之一。其原理是通过控制电极电势以不同的扫描速率，随时间以三角波形进行一次或多次的反复循环扫描，扫描的电势范围是使电极上能交替发生还原和氧化反应，同时记录电流随电势变化曲线。根据曲线形状、出峰位置和峰位高低等参数来判断电极反应的可逆性、相界吸附、新相或新物质的形成可能性等。实验首先通过热助循环伏安测量来研究不同温度条件下电解质的差异对电化学反应的影响。在循环伏安曲线中，一个峰对应于一个氧化/还原反应，峰的强度也体现出反应的电流强度，对应于这个氧化/还原反应发生过程中转移电子数的多少。

#### 4.2.1.1　电解质对 CV 影响

为了确定不同电解质溶液对 SDBS 氧化降解过程的影响，分别选定硫酸钠和氯化钠作为电解质进行循环伏安扫描，如图 4-2 所示，沿箭头方向分别为 90℃，70℃，50℃，30℃条件下曲线。

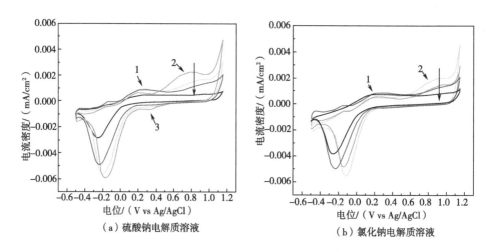

（a）硫酸钠电解质溶液　　　　（b）氯化钠电解质溶液

**图 4-2　SDBS 在不同电解质溶液循环伏安曲线**

1～3—阳极氧化峰

从图 4-2（a）中可以看出，SDBS 的热助循环伏安曲线的氧化峰的峰位基本相同，但是在硫酸钠作为电解质的反应体系中，在 30℃的反应条件下正方向扫描，没有氧化峰的产生，即体系中没有氧化还原反应的发生，说明此条件下 SDBS 没有发生降解。而以氯化钠为电解质时，在图 4-2（b）中出现了较为明显的氧化峰。此现象说明了在温度较低条件下，以氯化钠作为电解质时，SDBS 便可发生氧化反应。因此从循环伏安的曲线分析可知，以氯化钠作为电解质更容易将废水中的 SDBS 氧化降解。

#### 4.2.1.2　温度对 CV 影响

在图 4-2 中，当反应温度升到 50℃ 时，在循环伏安曲线的正向扫描过程中出现了两个阳极氧化峰（峰 1 和峰 2）。从图中可以看出，氧化峰所在位置的电位要小于氧的析氧电位，这就说明实际降解 SDBS 过程中所需的电压可以控制在水的电解电压以内。

当降解过程在较高温度的条件下进行时，$H^+$ 作为亲电试剂可以直接攻击苯环发生亲电取代反应，使 SDBS 转化成烷基苯。实验证明随着温度的增加，在 $H^+$ 存在的条件下，脱磺酸基反应更容易发生，所以当温度升至 90℃ 时，在不加电场作用的情况下，已经有部分的 SDBS 转化成为直链烷基苯，这个现象直接体现在循环伏安测试时 90℃ 条件下峰 1 的高度已经低于 50℃ 和 70℃ 时峰 1 的高度。这种脱磺酸基过程的发生非常有助于 SDBS 的进一步降解，体现在 90℃ 时峰 2 的强度远远大于 50℃ 和 70℃ 时峰 2 的强度，同时这个反应过程的发生还将有利于节省后续电能的投入，以达到节约能源的目的。

此外，从图 4-2（a）和图 4-2（b）相比较可知，图（a）为硫酸钠作为电解质时 SDBS 的循环伏安曲线，图（b）为氯化钠作为电解质时 SDBS 的循环伏安曲线，图（a）中脱磺酸基的氧化峰（峰 1）从 90℃ 时开始下降，而图（b）中脱磺酸基的氧化峰（峰 1）从 70℃ 时已经开始下降，到 90℃ 时持续降低，这是由于在氯化钠作为电解质的反应体系中存在活性氯的间接氧化作用，加强了 $H^+$ 进攻苯环的能力，从而使脱磺酸基反应可以在更低的温度下得到有效的进行。

#### 4.2.1.3　电势对 CV 影响

从图 4-2 中可以看出，当反应温度在 30℃ 和 50℃ 时，峰 2 的出峰电势位置与电解水的析氧电位峰之间的分峰效果并不明显，而当温度进一步升高以后，当反应温度达到 70℃ 时，峰 2 的出峰电势位置与电解水的析氧电位峰之间已经可以明显地区分开来，特别是当反应温度上升至 90℃ 时，已经可以明显地看出峰 2 与析氧电位峰位置上的差距。

通过理论计算可以知道 SDBS 的降解电势随温度的逐渐升高而逐渐下降，氧化峰峰位电势的降低与温度升高时热动力学电势降低的效应相一致，通过这一实验结果可以得到结论，太阳能-热能在反应过程中的大量利用可以提高 SDBS 废水的降解效率，同时可以降低太阳能-电能的投入，具体体现在降解电势的逐渐降低，在电化学降解反应的过程当中，当反应的电势高于水的降解电势的条件下，降解的主反应和副反应同时发生，体系中将会同时存在如下的两个反应：

$$SDBS \longrightarrow CO_2 \text{（SDBS 氧化反应，主反应）} \tag{4-1}$$

$$水 \longrightarrow O_2 + H_2 \text{（水分解反应，副反应）} \tag{4-2}$$

在主反应中，$E_{SDBS氧化}$（SDBS 氧化电位）可以等于或者大于 $E_{水分解}$（水分析电位），基于热动力学理论分析，当调整适当的电势时，可以使电位位置显著地偏移，使 $E_{SDBS氧化}$ 和 $E_{水分解}$ 能够明显地分开，在图 4-2 中 70℃和 90℃条件下就可以明显地观察到这一现象。

在反应体系中，当循环伏安曲线负向扫描时，在图 4-2 中还原峰的出现说明了 SDBS 降解后的中间产物在阴极发生了还原反应。从图 4-2（a）和 4-2（b）中可以明显地观察到还原峰的区别，在图 4-2（a）中存在着两个还原峰，而在图 4-2（b）中只出现了一个还原峰，即图 4-2（a）中的峰 3 在图 4-2（b）中消失了，这说明在氯化钠作为电解质的反应体系中，SDBS 在活性氯的协同氧化作用下发生了进一步的氧化反应，加速了体系中 SDBS 氧化降解的反应进程，使氧化反应进行更为彻底。通过对图 4-2 中 SDBS 的热助循环伏安曲线的分析，我们可以得到以下结论：

① 利用 STEP 理论降解含 SDBS 废水是完全可行的；

② 曲线描述了在不同的电解质中热电化学的详细过程，说明在氯化钠作为电解质的反应体系中，SDBS 经由电氧化和活性氯双重氧化的间接的氧化过程，显著地提升和加速了反应的进程，使氧化反应更加彻底；

③ 对实际的废水降解过程中合适的电解质及电压的选取具有重要的指导意义。

从 STEP 的降解结果中可以发现，太阳能热能的投加可以提升降解效率，减少 STEP 过程中太阳能电能的投入。

## 4.2.2　STEP 降解 SDBS 条件分析

### 4.2.2.1　反应温度对降解率影响

为了确定温度对 STEP 热-电两场耦合降解过程效率和产物等的具体影响，测定氯化钠电解质在不同温度条件下降解过程的电流随时间变化（$I$-$t$）曲线，如图 4-3 所示。

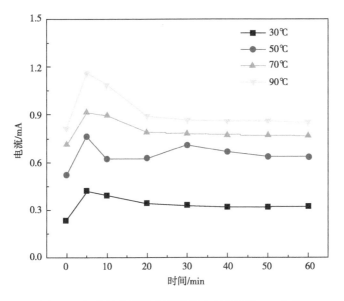

**图 4-3　氯化钠电解质在不同温度条件下的 *I-t* 曲线**

图 4-3 SDBS 降解过程的电压选取在 1.2V。降解电压选取的原则是控制在水的电解电压之下，如式（4-1）和式（4-2）的计算所示，以避免在降解过程中发生析氢吸氧反应，从而达到节省电能利用效率的目的。从图中可以看出，随着反应温度的增加，体系中的电流强度得到了明显的提升。太阳能-热能在体系中的大量投入可以直接导致体系中自由离子运动速度的提升，从而进一步体现在恒电压条件下，体系中的电流强度得到了不断增加，而这种电流强度的增加毫无疑问将会有利于体系中 SDBS 降解效率的进一步提升。

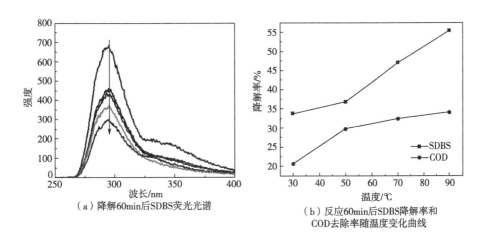

（a）降解60min后SDBS荧光光谱　　（b）反应60min后SDBS降解和
COD去除率随温度变化曲线

**图 4-4　反应 60min 后 SDBS 降解率情况**

　　SDBS 的分子结构中，苯环中的每个碳原子都有一个 2p 轨道，由于轨道电子的重叠而导致 SDBS 的分子结构中产生的一种共轭 π 键，使 SDBS 分子在荧光激发下可以产生发射光谱，实验研究了在不同温度条件下，体系反应 60min 后，SDBS 分子从 240～400nm 范围的荧光光谱的变化情况，结果如图 4-4（a）所示，沿箭头方向分别为未降解 SDBS，温度为 30℃、50℃、70℃、90℃条件下降解。

　　从图中可以看出 SDBS 分子的最大发射峰在 290nm 处，实验中通过在 290nm 处的峰高来计算降解过程中 SDBS 浓度的变化。从图 4-4（a）可知，当温度从 30℃上升到 50℃时，降解率并没有明显升高，而当温度从 50℃上升到 70℃和从 70℃上升到 90℃时，从图中的 3 条曲线在 290nm 处的高度变化上，可以明显地观察到降解率的变化。将降解率增加的趋势以数字描点的形式归纳到图 4-4（b）中，从图 4-4（b）的曲线变化趋势上可以清晰地观察到降解率随温度的变化，反映了在体系中 SDBS 的减少情况。当反应在 30℃条件下进行了 60min 后 SDBS 的降解率为 33.8％，当反应在 90℃条件下反应相同时间后降解率为 55.4％，降解率的增幅高达 21.6％。

　　具体分析在图 4-4（a）中 290nm 处曲线峰位的降低的原因，可能是 SDBS 降解成为了中间体，也可能是 SDBS 直接氧化成为了 $CO_2$。为了分辨这两种可能性，同时测定了 SDBS 的化学需氧量（chemical oxygen demand，COD）。COD 是以化学方法测量水样中需要被氧化的还原性物质的量，废水、废水处理厂出水和受污染的水中，能被强氧化剂氧化的物质（一般为有机物）的氧当量。在河流污染和工业废水性质的研究以及废水处理厂的运行管理中，它是一个重要的而且能较快测定的有机物污染参数，常以符号 COD 表示。水体降解过程当中 COD 的去除程度，可以具体地反映出在降解过程当中，有机物是转化成为了中间体还是直接矿化成为了 $CO_2$。如果仅仅是转化成为了中间体，那么废水的 COD 值不会发生明显的变化；如果是完全成为了 $CO_2$，那么废水的 COD 值则会有明显的降低甚至趋于零值。

　　从图 4-4（b）中可以看出，COD 去除率随降解率的增加同时有明显的增加趋势，这说明 STEP 热-电两场耦合作用过程可以有效且高效地降解含 SDBS 有机废水，在 STEP 耦合模式条件下进行反应，COD 去除率增加近一倍，体现了热能的投入在反应效率增加中的重要作用，同时也达到了提高太阳能综合利用效率的目标。

　　通过热重分析曲线来检测热能的投入对降解过程的具体影响，图 4-5 为 SDBS 粉末和膏体热重曲线。

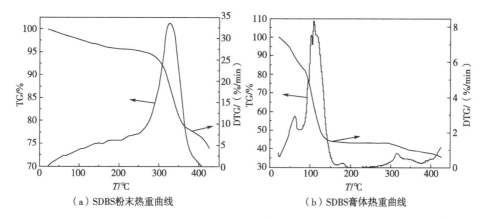

（a）SDBS粉末热重曲线　　　　　　（b）SDBS膏体热重曲线

**图 4-5　SDBS 粉末和膏体热重曲线**

图 4-5（b）曲线在 60℃时有个明显的小吸收峰，说明了反应物 SDBS 膏体在此温度下发生了脱磺酸基的反应，这一现象与图 4-3 中当温度从 50℃上升到 70℃时降解率明显升高是相吻合的。从图中还可以看出，STEP 热-电两场耦合降解 SDBS 的过程当中，热效应与脱磺酸基效应的协同作用更改了整个反应的路径，使图 4-5 曲线的形貌发生的巨大的差异。对于一个反应过程而言，热能的大量投入，不仅会影响反应的化学路径和进程，还会导致参与反应物质的物理变化，使反应物被热活化成高能态，使接下来的其他化学反应更容易发生。

### 4.2.2.2　电解质浓度对降解率影响

从图 4-6 可以看出，随着氯化钠浓度的增加，SDBS 降解率和 COD 的去除率都随之增加。当氯化钠浓度大于 6g/L 时，由于增加了电解质的浓度，电子和离子间相互的碰撞概率变小，氯化钠在处理 SDBS 有机废水中的浓度效应弱化。所以，尽管增加氯化钠的浓度能够促进 SDBS 有机废水的降解和减少能量的消耗，但过量地增加氯化钠浓度也是不可取的。与此同时，使用高浓度的氯化钠溶液作为降解 SDBS 的电解质也会增加后续污水处理的费用，合适的电解质的浓度范围选取在 4～6g/L。

### 4.2.2.3　溶液 pH 值对降解率影响

从图 4-7 可以看出，随着反应体系中 pH 值的增加，SDBS 降解率和 COD 的去除率都随之降低，这是由于随着体系 pH 值的降低，SDBS 在 STEP 反应模式下发生降解反应，将会使磺酸基更容易被脱除，从而加速了整个氧化反应发生的进程。而且，次氯酸和次氯酸盐离子在酸性条件下有更强的氧化能力，可以协同作用于有机废水的降解过程，更有效地去除废水中的 SDBS，提升 STEP 热-电耦合降解过程中的 SDBS 降解率以及 COD 的去除率。

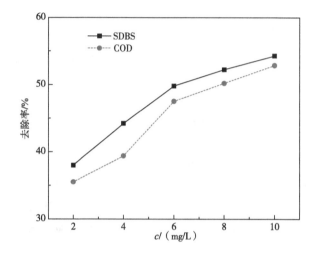

图 4-6　SDBS 降解率和 COD 去除率随氯化钠浓度变化曲线

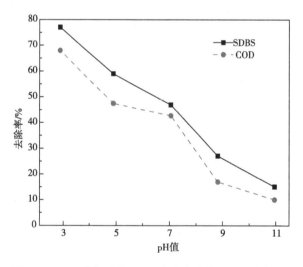

图 4-7　SDBS 降解率和 COD 去除率随体系 pH 值变化曲线

### 4.2.3　STEP 降解 SDBS 产物分析

实验利用紫外-可见光吸收光谱来检测 SDBS 溶液在降解过程中吸光度的变

化，检测范围在 $200 \sim 400nm$ 之间，SDBS 溶液的紫外-可见光吸收光谱如图 4-8 所示，沿箭头方向分别为降解 0min，30min，60min，90min，120min 时间（$t$）曲线。

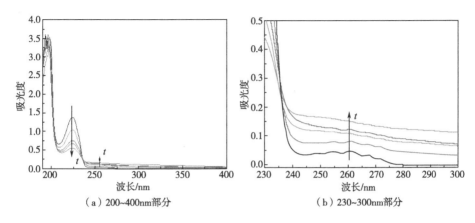

（a）200~400nm部分　　　　　（b）230~300nm部分

**图 4-8　50℃条件下 SDBS 溶液紫外-可见光吸收光谱**

从图 4-8 中可以明显地看出其最大吸收峰的峰位值对应在 224nm 处，从此处吸光度的变化上可以体现出在 STEP 热-电耦合降解过程中溶液中的 SDBS 的浓度呈逐渐减小的趋势。在溶液中的 SDBS 的浓度减小的同时，另一处的检测波长 260nm 处的吸光度却呈增加的趋势，从图 4-8（b）中可以更清晰地看出这种变化的趋势，这说明随着反应的不断进行，中间产物的量在逐渐增加。

为了进一步检测溶液中的 SDBS 在降解过程中发生的变化，使用红外光谱仪分析不同反应时间条件下 SDBS 溶液在 $4000 \sim 400cm^{-1}$ 范围内的红外光谱的变化，如图 4-9 所示。

图 4-9（曲线 1）为未降解时溶液中 SDBS 的红外光谱，图 4-9（曲线 2）为 50℃条件下反应 60min 后溶液中 SDBS 的红外光谱，从图中可以看出在 $613cm^{-1}$ 处 $SO_4^{2-}$ 的特征吸收峰非常明显，同时在 $1022cm^{-1}$ 处—$SO_3H$ 的特征吸收峰已经消失了，这说明磺酸基官能团已经在反应进行 60min 后彻底氧化成为了硫酸基官能团。

此外，在 $2350cm^{-1}$ 处出现了一个新的特征吸收峰，其产生的原因可以归结为 $HCO_3^-$ 的形成，说明部分的线性烷基和苯环已经发生了降解。随着 STEP 热-电两场耦合降解过程时间延长至 120min，如图 4-9（曲线 3）所示，在 $1420cm^{-1}$ 处出现了一个新的吸收峰，这说明在此过程中的 $CO_3^{2-}$ 生成，证明线性烷基和苯环已经被进一步的氧化生成了 $CO_2$。除此以外，在 $3450cm^{-1}$ 处的—OH（羟基）的特

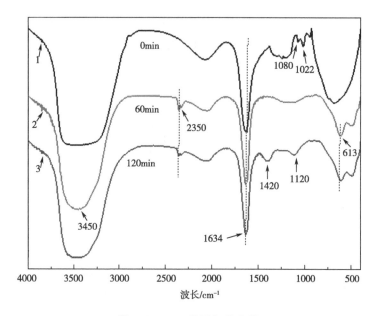

图 4-9　SDBS 溶液红外光谱

征吸收峰的产生主要是由于样品中水的存在导致的。含 SDBS 水溶液在降解过程中收集气体的气相色谱数据，也说明了此过程中 $CO_2$ 的产生。

在不同温度下 SDBS 降解过程中气相产物的气相色谱分析如表 4-2 所示。

表 4-2　在不同温度下 SDBS 降解过程中气相产物的气相色谱分析

| 温度/℃ | 气体产物/mL | |
|---|---|---|
| | $H_2$ | $CO_2$ |
| 30 | 0.282 | 0.0144 |
| 50 | 0.414 | 0.0175 |
| 70 | 0.607 | 0.0199 |
| 90 | 0.794 | 0.0220 |

气相产物 $CO_2$ 的产生证明了 SDBS 已经彻底地氧化降解成为了 $CO_2$，同时在 STEP 化学过程中，水中的氢离子在阴极得到了还原生成了 $H_2$，是一种众所周知的清洁燃料。同时我们也检测到，随着温度的不断上升，产生 $CO_2$ 气体的量也在不断增加，这是与之前降解率增加的紫外分析结果相吻合一致的。使用 $CO_2$ 作为目标降解产物进行电流效率分析，SDBS 在 90℃ 条件下降解的电流效率大约为 SDBS 在 30℃ 条件下降解的电流效率的两倍，这也进一步证实了 STEP 高温过程更有利于含表面活性剂废水的降解的理论。根据 STEP 热-电两场耦合降解的实验

数据，发现在 SDBS 的降解过程浓度变化符合一级动力学模型，通过一级动力学线性回归方程式（4-3）拟合来计算 SDBS 降解过程当中反应速率常数：

$$f(t) = f_{\text{inf}} \exp(-kt) \tag{4-3}$$

式中　$f(t)$ ——$t$ 时的峰高；

　　　　$t$ ——时间，s；

　　　　$k$ ——反应速率常数；

　　　　$f_{\text{inf}}$ ——初始时刻的峰高。

图 4-10 为 SDBS 降解过程中的动力学分析。从图中可以看出，随着温度的升高，其一级动力学常数也在不断增加，说明热能在反应过程中的投入不仅仅是增加了反应的降解效率，还增加了反应的降解速率。

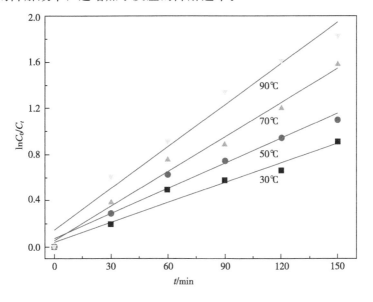

**图 4-10　SDBS 降解过程中的动力学分析**

## 4.2.4　STEP 降解 SDBS 机理分析

在硫酸钠作为电解质的体系中，SDBS 发生直接氧化反应，如图 4-11 所示。SDBS 的氧化降解路径经由体系内部电子直接转移到阳极表面，活性氧作为水非均相氧化过程的中间体，在阳极进一步发生反应生成羟基自由基（见式 4-4），同时伴随产生的还包括双氧水（见式 4-5）和臭氧（见式 4-6），这两种物质都具有强氧化性，协同作用于 STEP 过程：

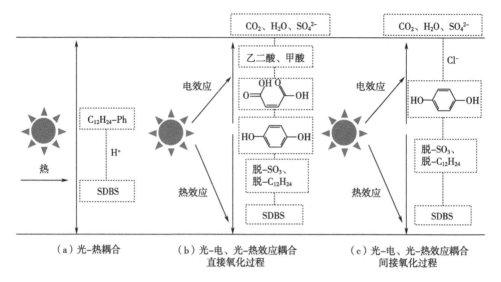

（a）光-热耦合　　　　（b）光-电、光-热效应耦合　　　　（c）光-电、光-热效应耦合
　　　　　　　　　　　　　　直接氧化过程　　　　　　　　　　间接氧化过程

**图 4-11　不同电解质条件 SDBS 反应过程机理**

$$H_2O \longrightarrow \cdot OH + H^+ + e^- \tag{4-4}$$

$$2 \cdot OH \longrightarrow H_2O_2 \tag{4-5}$$

$$3H_2O \longrightarrow O_3 + 6H^+ + 6e^- \tag{4-6}$$

此外，电氧化过程可以通过其他一些氧化剂的共同作用得到更高的电化学氧化效率，如活性氯、过硫酸钾、过磷酸盐、过碳酸钠和过氧化氢等。其氧化作用得到加强的原因是从本体溶液中存在的物质经由电化学过程中产生，如氯化物、硫酸盐、磷酸盐等。在 STEP 降解反应过程中，当利用氯化钠作为电解质时，在电解过程中，体系中会产生大量的活性氯中间体，而活性氯中间体作为一种强氧化性的中间体产物，可以有效地加速废水处理氧化过程的进程。在氯化钠作为电解质的体系中时，将会发生下列反应：

$$2Cl^- + 2H_2O \longrightarrow Cl_2 + 2OH^- + 2e^- \tag{4-7}$$

$$Cl_2 + 2H_2O \longrightarrow ClO^- + Cl^- + 2OH^- \tag{4-8}$$

$$6ClO^- + 3H_2O \longrightarrow 2HClO_3 + 4HCl + 3[O] + 6e^- \tag{4-9}$$

$$ClO^- + H_2O + 2e^- \longrightarrow Cl^- + 2OH^- \tag{4-10}$$

当氯化钠存在时，体系中有机物的降解过程会发生较为迅速，部分 $Cl^-$ 会迅速地被氧化成为 $Cl_2$，然后 $Cl_2$ 会与水发生反应生成 $ClO^-$（见式 4-8）。$ClO^-$ 本身是一种强氧化剂，同时部分的 $ClO^-$ 在体系中和水发生反应还会生成 $HClO_3$ 和 $[O]$（见式 4-9）。活性氯的形成和产生是一个瞬间过程，由于它的存在使整个降解过程变为了一个间接的反应过程，显著地增加反应的速度，同时使氧化反应进行更为彻底。同时，活性氯氧化的中间产物，例如酚类、醌类和其他羧酸类是非常不稳定的中间产物，在体系中迅速被进一步完全彻底地矿化为 $CO_2$。由于强氧化性中间体与 STEP 过程的综合作用，SDBS 废水的降解率得到了显著的增加，其反应过程机理如图 4-11 所示。

## 4.2.5　STEP 降解 SDBS 实际废水

为了测试 STEP 热-电两场耦合降解 SDBS 废水理论研究在降解实际废水中的可行性，选取含 SDBS 实际工业废水，在不同温度的条件下进行了 STEP 降解有机废水实验研究。从不同的污水处理厂污水排放口取样三种含 SDBS 的实际废水进行预处理，分别为城市污水处理厂出口排放水、烷基苯厂经预处理后出口排放水和洗涤废水。使用传统的化学和仪器分析方法对其进行组成成分分析，为了明确主导因素和简化条件，选用了第三种废水作为实验中的真实废水实验样品。

实际废水样品的具体参数如下。

① 城市污水处理厂出口排放水，SDBS 26mg/L，COD 87mg/L。

② 烷基苯厂经预处理后出口排放水，SDBS 80mg/L，COD 210mg/L。

第三种废水样品 1 中含有 SDBS 为主要成分的洗涤废水，样品 2 中含有商业洗涤剂为主要成分的洗涤废水，两种样品均采用自来水配制。

样品 1 主要贡献是 SDBS，SDBS 50mg/L，COD 130mg/L，样品 2 具体成分未知，配制后测定 COD 190mg/L。

表 4-3　STEP 理论降解实际废水降解率及矿化率（电压 1.2V）

| 水样 | 温度/℃ | 降解率/% （60min） | 降解率/% （180min） | 矿化率/% （180min） |
|------|--------|------------------|-------------------|-------------------|
| 1 | 30 | 8.9 | 20.1 | 5.6 |
|   | 90 | 28.2 | 62.3 | 33.2 |
| 2 | 30 | 7.9 | 19.6 | 7.3 |
|   | 90 | 38.6 | 85.7 | 50.5 |

不同实际废水降解率及矿化率如表 4-3 所示。从表 4-3 的降解数据中可以看出，STEP 两场耦合模型理论能有效地提高表面活性剂在实际废水中的降解速率。

将太阳能-热能与太阳能-电能的结合作用于有机废水的降解具有很大的经济优势。太阳热能占太阳能总能量的 40% 以上，同时太阳能热吸收效率的转换率高达 65%～80%。因此，如果太阳能-热能能够在反应中高效利用，那么利用太阳能进行废水处理是一种经济有效的方法。

### 4.2.6　STEP 降解 SDBS 户外实验

为了测试和证实热-电两场耦合在 SDBS 降解过程中的作用，在全户外条件下进行了定容实验，实验装置如图 4-1 所示。根据 STEP 理论研究的计算，通过增加太阳能热能辐射的投入量，使整个反应电能投入量的降低（体现在所施加电压的减少上）。SDBS 降解户外实验参数如图 4-12 所示。

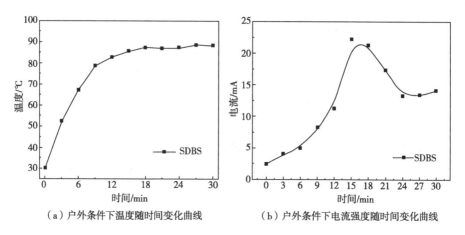

（a）户外条件下温度随时间变化曲线　　　　（b）户外条件下电流强度随时间变化曲线

**图 4-12　SDBS 降解户外实验参数**

从图 4-12（a）中可以看出，应用 STEP 装置进行太阳能热-电两场耦合 SDBS 降解过程当中，反应温度上升十分迅速，在 10min 内整个反应体系就达到了 80℃。温度的增加给参与反应的分子提供了更多的反应能量，活化反应物分子，使之能级超越了反应的能级势垒，从而使整个电化学反应的电势降低，整个反应的路径也随之发生了变化。

与此相对应的是，电化学反应的电流也发生了变化，户外条件下电流强度随时间变化曲线如图 4-12（b）所示，随时间的增加得到明显的增长，在 15min 左右达到了 23mA，随后略有降低，在 30min 内达到稳定。通过之前的室内实验已经可以证明，在高温条件和存在大量 $H^+$ 的情况下，脱磺酸基反应更容易发生，随后部分 SDBS 迅速地转化成烷基苯，在全户外条件下应用时，对应于图 4-12（b）中初始电流的迅速增加，在循环伏安曲线中（见图 4-2）峰 1 的变化中也同时体现了这一点。脱磺酸基的反应是迅速且容易进行的，而 SDBS 分子结构中苯环的开环反应是缓慢且难于发生的，图 4-12（b）中电流在 15min 以后逐渐变小且趋于稳定正说明了此现象。同时体现在反应的机理上，也说明 SDBS 的降解过程经由脱磺酸基，然后发生苯环的开环反应。

图 4-12 中反应温度和反应电流随时间变化的趋势基本与实验室模拟降解的结果相吻合，充分说明了利用 STEP 热-电耦合过程来进行含 SDBS 有机废水的降解在实际应用当中的可操作性。

就目前技术发展而言，全户外 STEP 降解有机废水的推广和实际应用已经有了初步的操作基础。在西班牙南部阳光灿烂的安达卢西亚地区，索卢卡太阳能公司在此建造了 PS10 太阳能热电厂如图 4-13 所示，利用定日镜将阳光反射到中央的发电塔，同时利用熔盐存储热量。

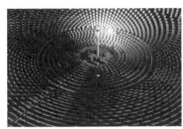

（a）定日镜圆形阵列 　　　　　　　　（b）双轴反射镜

**图 4-13　太阳能热电厂装置**

该电厂的技术原理为在一个高约 115m 的高塔周围铺设了 624 块反光镜，照射到反光镜上的太阳光会被反射到高塔顶部的一个接收器上，接收器将太阳光的能量加以转化，将转化生成的热量传递给高塔中的冷水，使其转化成为水蒸气，从而推动涡轮发电机进行发电。同时冷却的水蒸气则重新凝结成水，再继续回到塔顶加以循环利用。该发电系统还可以将白天加热的水储存起来，用于在夜间的时候进行发电。

全户外实验的成功进行和太阳能热电厂的成果都显示出了太阳能 STEP 热-电两场耦合理论降解有机废水是完全可行，而且是高效的。从理论的角度出发，结合实验的成果，设计有效的实验方法与降解途径成为了有机废水降解能够高效运行的关键，这也是进一步发展商业化利用太阳能能量进行 STEP 有机废水降解的最终目标。图 4-14 为结合理论与实验研究后，从实际应用的角度出发，模拟设计的用于太阳能表面活性剂废水处理的机械自动循环操作，整个降解过程系统无须任何能量投入和管理。

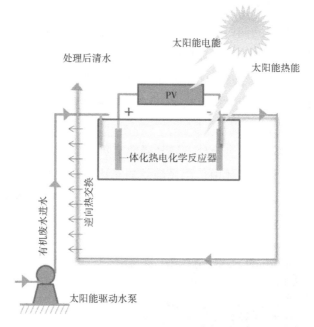

**图 4-14　用于太阳能表面活性剂废水处理的机械自动循环操作**

　　体系的电能由太阳能光伏发电系统（photovoltaic，PV）提供，整个反应在整合的太阳能 STEP 热-电化学反应器内进行，废水通过泵打入反应装置内，泵的驱动也完全由 PV 体系提供。处理后的废水由于其具有一定的温度，直接排放的话，既造成了热污染，同时也会损失大量的能量，所以在排外前与入水管线之间形成一个热交换过程，使热能得到重新利用。在反应进行的同时，PV 系统和太阳能-热转化系统也同时储存一步剩余能量，用以供给夜间没有阳光照射时反应的正常进行。

## 4.3　STEP 热-电两场耦合硝基苯降解

### 4.3.1　STEP 热助循环伏安分析

　　图 4-15 为硝基苯随温度变化循环伏安曲线。在正方向扫描曲线上，硝基苯的曲线出现一个氧化峰，氧化峰的电位从图中我们可以发现，其出峰位置要小于水的析氧电位。这说明硝基苯的氧化可以发生在水的电解之前，通过实验控制电位条件，使废水的降解过程中只发生硝基苯的降解反应，而水本身不发生电解，这将有利于 STEP 热-电两场耦合匹配处理实际废水时节省电能的投入。正向扫描的

氧化峰对应于硝基苯在正向电压的条件发生的氧化反应，其氧化反应可能性包括两种：硝基苯直接被电解成为 $CO_2$，或者生成中间体。如果想要达到的效果是第一种，直接生成 $CO_2$ 以达到废水的彻底降解，因为硝基苯在降解过程中的中间产物，包括苯醌、对苯酚等也都是具有高毒性的有机污染物。如果降解过程只是使硝基苯转化成为其他中间体，那么可以说没有达到有机废水无害化处理后排放的这一根本性目标。

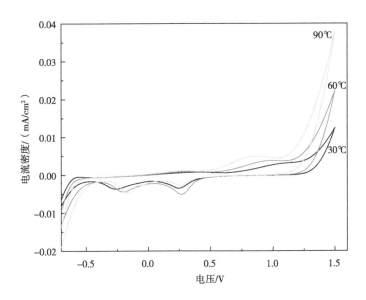

图 4-15　硝基苯随温度变化循环伏安曲线

从图 4-15 中还可以看出在 30℃ 条件下，阳极氧化峰的强度很小。随着温度的逐渐升高，峰强逐渐增加，在氧化峰强度增加的同时，峰值所在电位值逐渐变小，硝基苯随温度变化循环伏安曲线数据归纳在表 4-4 中。从表中我们可以更清晰地看出氧化峰强度和峰值电位随温度的变化情况，而发生变化的这两个效应都有利于电化学氧化反应的发生和有机废水高效处理的进行。

表 4-4　硝基苯随温度变化循环伏安曲线数据

| 温度/℃ | 氧化峰电位 $V_{氧化峰}$/V | 氧化峰电流 $J_{氧化峰}$/($\mu A/cm^2$) |
| --- | --- | --- |
| 30 | 1.155 | 3.25 |
| 60 | 0.966 | 3.79 |
| 90 | 0.863 | 4.97 |

由表 4-4 可以看出，随着温度的增加，峰值电位逐渐减小（从 1.155V 减小到

0.863V，以 Ag/AgCl 电极为参比电极），这与通过理论计算得出的高温下反应的热动力学电势降低的结果是一致。在反应电势降解的同时，动力学过电势也同时降低，这有利用电子在高温下的转移。所以太阳能-热能的大量投入，能够有效地提高硝基苯的降解效率，同时减少反应过程中太阳能-电能的投入。随着太阳能加热的增加，硝基苯的降解得到了明显的提升，硝基苯的电解电位随温度的升高而降低。

传统的电化学方法降解含硝基苯废水都是在常温（25℃）或者接近常温的条件下进行的，由于硝基苯的氧化反应本身是一个吸热反应，局限于降解过程中自身的高电解电势和过电势，所以存在着电化学降解率低、降解速率慢和能耗大等问题。之前的硝基苯降解的研究都表明硝基苯的降解是一个间接的电化学反应。在电化学反应当中，与硝基苯的氧化降解过程相比，硝基苯自身更容易在阴极发生还原反应生成苯胺，然后所生成的苯胺扩散到阳极进一步发生氧化降解反应。

根据理论计算的结果可知，反应如果要维持高效的进行，就需要恒定的高温条件，这需要投入大量的能源来维持体系的进行，如果这些能量既不来自于太阳能，也不来自于环境的热交换，能量的来源问题就成为局限高温有机废水降解的最大问题之一，如果所需能量全部来自于太阳能，这个问题就迎刃而解了。高温环境意味着反应物在进行电化学反应前被激活，而且在电化学反应进行过程中同时能够伴随着的热化学反应。因此，热化学与电化学相结合的太阳能利用化学过程能够使降解反应得到更高的效率。这种 STEP 热-电两场耦合匹配应用的效应的测试可以由热助循环伏安来辅助体现。

此外，从图 4-15 中我们可以看到两个还原峰的出现，说明在体系中同时存在着两个还原反应，分别是：

① 苯醌还原到硝基苯；

② 硝基苯还原到苯胺。

在 STEP 废水处理的过程当中，苯胺很容易在阳极氧化称为苯醌，从而在接下来的反应过程当中产生更多的、更容易进一步降解的矿化产物。所以，具体的分析硝基苯废水降解的反应机制还需要结合各种其他的分析方法和分析手段。

### 4.3.2 电压对硝基苯降解的影响

从图 4-16 中的曲线可以明显地看出，在反应时间为 60min，反应温度为 90℃的反应条件下，即使在较低的电压下，体系也能够获得一个合适的电流强度足以进行硝基苯的降解反应。这说明在较高的温度下硝基苯的氧化电解电压可以控制在水的电解电压以下，从而避免了体系的析氧反应，通过大量热能的投入达到了节约了电解有机物的过程中电能投入的目的。

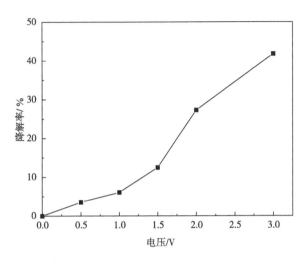

**图 4-16　硝基苯降解率随电压变化曲线**

由图 4-16 中电流的变化趋势可知，在降解电压为 1.5V 以下时，硝基苯的降解速度非常缓慢，当电压升高到 1.5V 以上时，降解速率得到了明显的提升，但是当电压高于水的电解电压时，不可避免有一部分能量被用于分解水反应的发生，从而导致了能源的浪费。水在标况下的理论热动力学电解电势为 1.23V，由于过电势的存在，实际的电解电势通常大于 1.5V，这个值会随着体系温度的改变而发生变化，当温度升高时，这个值会有所下降。在溶液体系中氧化降解硝基苯过程中，严格意义上的能量需求必须考虑到体系中是否发生了水分解反应。从直观上测量到的硝基苯降解的最小电势与水分解电势之间的对应关系，可以表示为以下方程式。

当电解电压高于 1.5V 时：

$$i_{输入} = i_{NB降解} + i_{水分解} \qquad (4\text{-}11)$$

当电解电压低于 1.5V 时：

$$i_{输入} = i_{NB降解} + i_{水分解} \qquad (4\text{-}12)$$

$$i_{水分解} = 0 \qquad (4\text{-}13)$$

式中　$i$—反应电流，A。

从方程式中可以看出，如果在降解的过程中能够选取一个非常合适的电压，那么所有投入的能量就可以都用来降解硝基苯而不产生水的分解反应，如图 4-15 中循环伏安曲线所示。说明精确地控制降解反应过程中的反应条件和太阳能-热能与太阳能-电能的比例可以显著地减少能量的消耗，大幅度地提升能量的利用率。

### 4.3.3　温度对硝基苯降解的影响

为了测试和证实 STEP 热-电两场耦合过程在硝基苯降解过程中的作用，在室内条件下进行和定容实验。实验测定了在不同温度条件下，降解率随时间的变化情况，在无任何化学药剂的添加以及其他能量的投入的情况下，硝基苯在 90℃ 的条件下氧化降解 120min 后，降解率达到了 81.2％〔见图 4-17（a）〕，同时 COD 的去除率也得到了显著的增加，达到了 76.1％〔见图 4-17（b）〕。

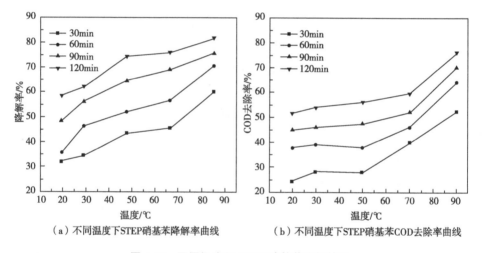

（a）不同温度下STEP硝基苯降解率曲线　　（b）不同温度下STEP硝基苯COD去除率曲线

**图 4-17　不同温度下 STEP 硝基苯降解情况**

图 4-18 为 STEP 热-电两场耦合过程硝基苯的降解率随时间变化曲线。从图中可以看出，随着温度的升高，降解率得到了稳定的增长。同时也可以看出，硝基苯的降解率在 70～90℃ 之间有一个明显的跳跃性升高，这种跳跃性的升高结果显著体现在 90℃ 的条件下，当反应仅仅进行 30min 时，硝基苯的降解率已经达到了 60.2％。

根据图 4-15 中硝基苯溶液的随温度变化循环伏安曲线，可以推测在不同降解温度下，硝基苯降解过程存在两种可能的路径：苯醌还原到硝基苯；硝基苯还原到苯胺。这两种可能性的反应路径，根据实际的实验结果加以分析，将其归纳为图 4-19 所示的两种路径。

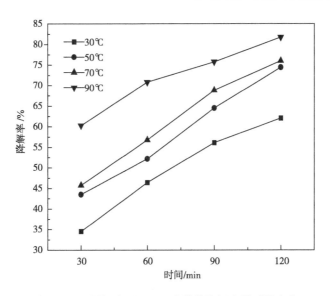

**图 4-18　不同温度下 STEP 硝基苯降解率随时间变化**

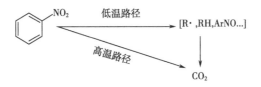

**图 4-19　STEP 热-电两场耦合降解硝基苯路径**

　　根据体系中不同温度条件下降解速率曲线与 COD 去除率的变化趋势来解释不同路径之间的差异。从图 4-17 的曲线的增幅中可以看出，硝基苯降解速率随温度的升高，增长非常迅速，相比较而言，COD 去除率曲线的增幅就比较缓慢。从图中可以看出 COD 的去除率在温度大于 70℃时有明显的提升，主要是由于在此温度的条件下，反应路径发生了一个转折性的变化，反应体系将高温路径作为主要反应路线进行反应，从图 4-18 中也可以看出此时降解率有一个较明显的提升，而在反应温度较低的情况时，反应体系按照低温路径作为主要反应路线进行反应，这时体系中会产生大量的中间体，例如 R·，RH 等，即使体系中硝基苯的含量这时已经降低到比较低的水平，这些中间体的存在仍然会使体系的 COD 值在一个较高的水平上，所以更倾向于从体系 COD 值的降低程度上判断降解过程是否进行较为完全。由此可知，当体系按照高温路径作为主要反应路线进行反应时，更有利于含硝基苯有机废水的深度降解和彻底矿化。

　　由于硝基苯在降解过程中的中间产物大部分也都是具有高毒性的有机污染物，如果降解过程只是使硝基苯转化成为其他中间体，那么可以说没有达到有机废水无害化处理后排放的这一根本性目标。所以硝基苯降解后最为彻底和理想的产物就是 $CO_2$ 和 $H_2O$，这两种物质作为降解的最终产物的出现，说明了体系中的有机物污染物已经完全、彻底地被降解掉。在实验过程中，具体监测了 STEP 热-电两场耦合降解过程中产生的 $CO_2$ 的量随热能投入比例的变化，如图 4-20 所示。

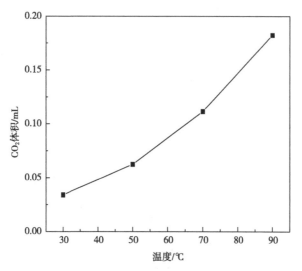

**图 4-20　不同温度下 STEP 硝基苯降解产生 $CO_2$ 气体量**

从图中可以看出随着温度的升高，体系产生的 $CO_2$ 逐渐增加，这也从另外一个角度解读了在较高的温度条件下，硝基苯可以得到更迅速和彻底的降解。

### 4.3.4　STEP 降解硝基苯产物分析

在实验数据的基础上，具体讨论由太阳能 STEP 热-电两场耦合过程驱动的热电化学降解硝基苯的反应机理和过程，利用 UV-vis 吸收光谱和 HPLC 来具体探究热电化学降解硝基苯的反应的机理、中间产物和降解后最终产物的产生和变化。

图 4-21（a）和（b）分别为 30℃ 和 90℃ 条件下硝基苯水溶液氧化降解过程中的 UV-vis 吸收光谱图，沿箭头方向分别为降解 0min，30min，60min，90min，120min 曲线。实验通过硝基苯水溶液在 267nm 处紫外吸光度的变化来具体衡量体系中硝基苯浓度的变化，随着反应的不断进行，硝基苯溶液在 267 nm 处的吸光度逐渐降低，对应于体系中硝基苯逐渐被降解，其浓度逐渐降低。从（a）和（b）两个图中可以明显地看出，在 90℃ 条件下 STEP 热-电两场耦合过程协同作用于硝基苯的降解过程中，硝基苯的浓度值下降更快，说明此反应和 30℃ 条件下硝

降解相比较，具有更高的降解速率，而硝基苯在 30℃ 条件下降解时，由于反应过程中大量中间体的产生和累积，导致了其吸光度的下降比较缓慢。

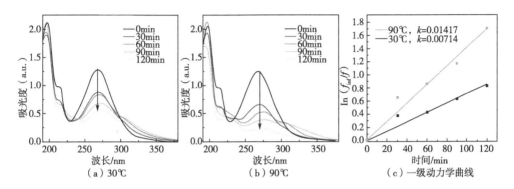

**图 4-21　不同温度下硝基苯降解的 UV-vis 吸收光谱图及动力学分析**

在 90℃ 条件下当硝基苯降解 60min 后，从图 4-21（b）可以明显地看出 267nm 处吸光度的下降，同时吸收峰的峰位向长波方向发生位移，而随着反应时间的延长，在 211nm 处、229nm 和 280nm 处分别产生了新的吸收峰，211nm 处产生的新吸收峰说明在体系中产生了马来酸，而 229 nm 和 280 nm 处的吸收峰说明在体系中产生了苯胺。

图 4-21（a）和（b）中光谱图发生的变化，说明了在降解的过程中，由于体系为敞开电解池体系，装置中间未设置隔膜，体系中同时在阳极发生了氧化反应，在阴极发生了还原反应，同时生成了氧化产物和还原产物，这表明了马来酸和苯胺都是硝基苯 STEP 热-电两场耦合降解过程中的中间产物。此外，由于在图 4-21（b）中，反应进行了 120min 后硝基苯水溶液的 UV-vis 吸收光谱的两种中间产物曲线的吸收峰的峰位值更低，也说明了在 90℃ 的条件下，硝基苯氧化降解后产生的中间体更少，降解更为彻底。

根据 STEP 热-电两场耦合降解的实验数据，发现在 30℃ 和 90℃ 条件下硝基苯降解的 UV-vis 光谱图在 267 nm 处吸光度随时间的变化符合一级动力学模型，通过一级动力学线性回归方程式（4-3）来计算硝基苯降解过程中的具体反应速率常数。图 4-21（c）为根据一级动力学方程计算拟合的直线，经计算 90℃ 条件下硝基苯降解的速率常数 $k_{90℃}$ 为 $0.01417\text{min}^{-1}$，而 30℃ 条件下硝基苯降解的速率常数 $k_{30℃}$ 为 $0.00714\text{min}^{-1}$，$k_{90℃}$ 约为 $k_{30℃}$ 的两倍。太阳能热能的大量投入增加了硝基苯废水降解的速率，同时实验的结果也为含硝基苯废水的降解提供了一条没有能量投入的技术路线，为高效利用太阳能能量提供新的途径。

图 4-22 为硝基苯废水在温度为 90℃，电流强度为 $20\text{mA/cm}^2$ 条件下降解前

后的液相色谱图。从标准的样品的液相色谱图可以看出，硝基苯的出峰时间为11.169min 处（见图4-22），对苯醌的出峰时间为4.776min 处（见图4-23），马来酸的出峰时间为1.721min 处（见图4-24），从图4-22 中可以明确地确定 STEP 降解硝基苯 60min 后的中间产物为对苯醌和马来酸。

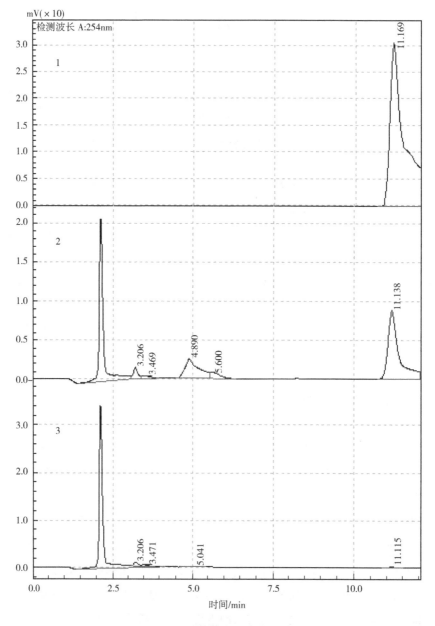

**图4-22　硝基苯废水液相色谱图**

1—降解前；2—降解60min；3—降解 120min

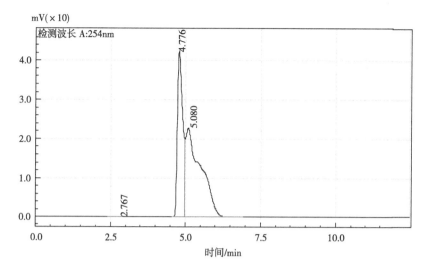

**图 4-23　对苯醌标准样品液相色谱图**

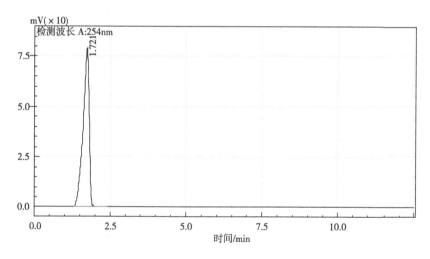

**图 4-24　马来酸标准样品液相色谱图**

　　当降解反应继续进行时至 120min 时，与反应进行 60min 时的液相色谱图相比，对苯醌的吸收峰已经几乎消失了，同时可以发现马来酸的吸收峰的强度更比图 4-22（b）中大，从而可以推测硝基苯降解的过程为先生成苯醌，然后进一步氧化发生开环反应，生成马来酸后继续氧化生成 $CO_2$。硝基苯废水在 90℃条件下氧化降解更为迅速和彻底，说明了 STEP 理论在有机废水降解过程中的适用性与适配性，整个降解过程不需要任何其他能源的输入，是高效利用太阳能的一种理论和方法。

### 4.3.5 STEP 降解硝基苯机理分析

根据热化学和电化学的基本理论，在硝基苯降解过程中液相色谱和紫外-可见光吸收光谱以及降解过程中反应速率等其他具体数据的基础上，提出了 STEP 热-电两场耦合降解硝基苯机理的具体路线和降解机理，如图 4-25 所示。

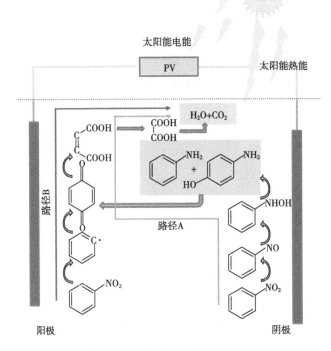

**图 4-25 硝基苯 STEP 降解机理**

由于硝基（—$NO_2$）是一个强吸电子基团，在低温的氧化过程中不利于与羟基自由基（·OH）的进攻，通常的硝基苯降解过程都先经由还原途径，首先生成苯胺后再扩散到阳极发生进一步的氧化反应，如图 4-25 中路径 A 所示。含硝基苯有机废水的 STEP 热-电两场耦合降解过程打开了一条绿色高效的太阳能有机废水处理技术路线，是一条全新的高效低碳环保可持续的技术方法。如图中路径 B 所示，电子发生传递转移后，硝基苯分子结构发生电化学重排，在阳极生成苯自由基，在结合了热化学和电化学的协同耦合作用之后，硝基苯分子在阳极完全彻底地被氧化降解成为 $CO_2$ 和 $H_2O$。

## 4.4　STEP 光-热两场耦合硝基苯降解

二维层状聚合物非金属半导体 g-$C_3N_4$ 因其优异的光电和物理性能而成为一种热门的研究材料，具有制备简单、无污染、化学稳定性高、成本低、能带位置好等优点。它在许多领域得到了广泛的应用和研究，例如水分解、有机污染物降解、二氧化碳减排等。采用热聚合法制备了具有良好形貌、结晶性和光催化活性的 g-$C_3N_4$ 样品。在此基础上，通过掺杂 1-丁基-3-甲基咪唑六氟磷酸盐 g-$C_3N_4$ （P/g-g-$C_3N_4$）对制备的 g-$C_3N_4$ 进行改性。在可见光和红外光的作用下，采用两种不同的催化剂对有机废水进行降解反应，并在室内模拟实验和室外实际实验中考察了它们的光催化性能。选择硝基苯水溶液作为难降解有机废水的模型降解材料。硝基苯是一种有毒、致癌的污染物，对环境和人类健康构成巨大威胁。为了更好地理解太阳热效应的基本机理，g-$C_3N_4$ 的正热耦合提高了硝基苯的降解速率。

在实验中，通过扫描电镜（SEM）和 X 射线衍射图（XRD）测量 g-$C_3N_4$ 和 P/g-$C_3N_4$ 的晶体结构，用 FTIR 测定了 g-$C_3N_4$ 的表面官能团结构。实验在三种不同温度下进行，以说明热作用对催化剂性能的影响，并比较了不同温度下 NB 的不同降解效率和反应速率。实验结果表明，两种催化剂均具有良好的光催化活性，尤其是改性的 g-$C_3N_4$ 样品，具有较高的降解率和很高的反应速率。

此外，在太阳能热的辅助下，降解率显著提高，这表明温度对废水中难降解有机物的 P/g-$C_3N_4$ 光催化氧化具有正耦合效应，并提高了太阳能-可见光-红外区域的总利用率。

### 4.4.1　结构形貌和性质分析

利于图 4-26 的 SEM 图像直接分析 g-$C_3N_4$ 和 P/g-$C_3N_4$ 样品的结构。从图 4-26（a）可以观察到，纯 g-$C_3N_4$ 显示了具有光滑表面的纳米片结构。图 4-26（b）显示 P/g-$C_3N_4$ 样品存在着明显的聚集现象，并且粒径也显著增大。同时，样品的密度也存在着明显的增加，样品在溶液中的分散性能比未掺杂样品差。但从实物图片上可以看出，样品具有良好的结晶性。在可见光的照射下，这种结构能更好地参与光的折射和反射，更有效地利用入射光能。从最终样品对有机物的降解性能来看，P/g-$C_3N_4$ 样品的结构也具有较强的光催化活性。

（a）g-C₃N₄ （b）P/g-C₃N₄

**图 4-26　掺杂前后扫描电镜（SEM）图像和实物图片**

图 4-27 为两种样品的红外光谱曲线。

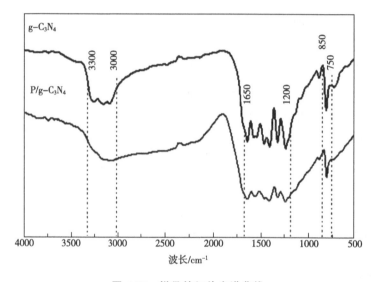

**图 4-27　样品的红外光谱曲线**

从图中可以看出，g-C$_4$N$_4$ 材料、P/g-C$_3$N$_4$ 材料的红外光谱没有太大的区别，这说明掺杂改性以及表面修饰的过程并没有改变 g-C$_3$N$_4$ 材料的基本结构单元。从图中可以看出，两种样品的吸收带主要集中在三个区域：750～850cm$^{-1}$、1200～1650cm$^{-1}$ 和 3000～3300cm$^{-1}$。不同的吸收峰对应不同的基团，750～850cm$^{-1}$ 主要对应嗪环单元，1200～1650cm$^{-1}$ 主要对应芳香碳氮杂环，而 3000～3300cm$^{-1}$ 对应的是 NH 基团。

样品结构表征如图 4-28 所示。

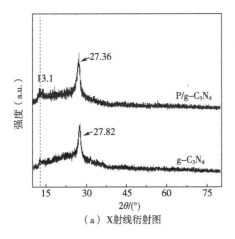 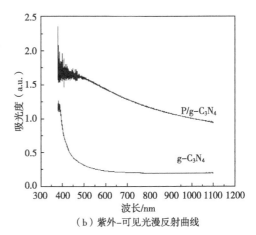

（a）X射线衍射图　　　　　　　（b）紫外–可见光漫反射曲线

图 4-28　样品结构表征

由图 4-28（a）的 X 射线衍射图（XRD）中可以看出，$g$-$C_3N_4$ 有两个特征峰，其中 $2\theta$ 为 27.82°处的衍射峰最强，对应的是（002）晶面，一般情况下该晶面归属于芳香族化合物的层间堆积特征峰，该晶面的情况也说明了 $g$-$C_3N_4$ 具有类石墨相的层状结构，另一个特征峰出现在 $2\theta$ 为 13.1°附近，对应（100）晶面，该晶面起源于平面内重复的三嗪环单元，说明了 $g$-$C_3N_4$ 的分子平面内是由无数个三嗪环单元聚合而成，该结构相对应石墨烯单元的 C 原子被 N 原子取代而成。P 掺杂后，$g$-$C_3N_4$ 的衍射峰强度移动到 27.36°（$d=0.325$nm）。推测在缩聚过程中，由于 P 的引入，C/N 比发生变化，导致产物的冷凝程度不同，从而改变了 $g$-$C_3N_4$ 层状结构的层间间距。通过稍微改变平面之间的距离，P 元素可以并入 $g$-$C_3N_4$ 晶体结构中。

样品的光化学性能可以通过紫外可见漫反射光谱来进行分析，如图 4-28（b）所示，其中，$g$-$C_3N_4$ 样品的响应光谱范围是从紫外光区到可见光区，吸收边带大概在 460nm 左右，对应禁带宽度为 2.7eV。而掺杂后样品的吸收带与 $g$-$C_3N_4$ 样品差距较大，明显发生了显著的偏移，这种现象的发生可能与量子尺寸效应有关，可能主要是由样品的直径引起的。与 $g$-$C_3N_4$ 相比，P/$g$-$C_3N_4$ 在可见光区域周围表现出明显的吸收。$g$-$C_3N_4$ 的光谱在 550nm 以上有明显的吸收尾。材料光吸收率的提高可能是由于高温处理过程中形成的结构缺陷所致。

### 4.4.2　温度硝基苯降解的影响

在可见光照射下降解含硝基苯有机废水，评价制备催化剂 $g$-$C_3N_4$ 和 P/$g$-$C_3N_4$

的光催化活性。对于所有样品，通过硝基苯溶液紫外-可见光光谱在 267nm 处的特征吸收峰值随时间变化情况记录硝基苯的光降解过程。降解速率和催化效率随温度升高而增加，在 30℃ 条件下，降解 30min 后能够看出硝基苯存在明显的降解效果，而在 60℃ 条件下，降解 30min 后，硝基苯几乎完全被降解。根据硝基苯溶液的紫外-可见光谱在 267nm 处的特征吸收峰值测定的降解率，在 30℃、45℃ 和 60℃ 时，g-C$_3$N$_4$ 样品中硝基苯溶液的降解率分别为 23.9%、38.5% 和 63.5%，而 P/g-C$_3$N$_4$ 样品中硝基苯溶液的降解率分别为 39.9%、66.3% 和 77.6%。从数据中可以看出，温度对降解速率有显著影响，反应速率随温度升高而增加。

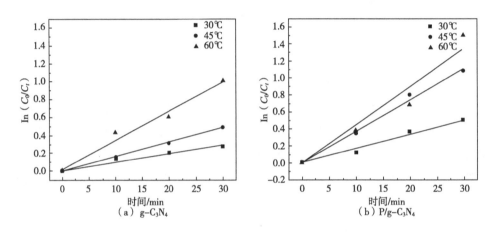

图 4-29  不同催化剂降解硝基苯动力学分析

通过硝基苯溶液在 267nm 处的紫外-可见光谱强度来标定硝基苯溶液浓度随时间变化，研究硝基苯降解过程的动力学。实验结果表明，在不同温度下光催化降硝基苯时，$\ln C_0/C_t$（$C_0$ 为 0min 时的硝基苯浓度，$C_t$ 为 $t$ min 时的硝基苯浓度）与反应时间具有良好的线性关系，这表明两个样品中硝基苯溶液的光催化降解符合一级动力学方程，如图 4-29 所示。结果表明，两种样品的速率常数 $k_{60℃}$ 远大于 $k_{30℃}$。在 60℃ 时，光催化反应速率最快，溶液的降解速率最高，太阳能热输入可以显著提高废水中硝基苯的降解速率。

### 4.4.3  机理分析

图 4-30 为氙灯照明下 g-C$_3$N$_4$ 和 P/g-C$_3$N$_4$ 的光电流响应曲线，表明当灯打开和关闭时，电流明显增加和减少。P/g-C$_3$N$_4$ 的光电流密度约为 0.8μA/cm$^2$，约为 TiO$_2$ NTs（约 0.35μA/cm$^2$）的 2.3 倍。磷具有亲氮性（例如 P$_3$N$_5$ 是一种

非常稳定的材料），因此，化学家对 P-N 主链聚合物的材料抱有很大的期望。然而，在氮化碳中掺入 P 杂原子，预计会损害掺杂 g-C$_3$N$_4$ 中的平面结构，因为 P-N 键的长度（150～170pm）明显长于 C-N（135pm），因此需要更详细的实验表征，以确定 P 在结构中的确切位置是必不可少的。在目前的状态下，我们只能通过在掺杂碳氮化物中均匀地掺杂碳位来表征聚合物 g-C$_3$N$_4$ 的结构性质。

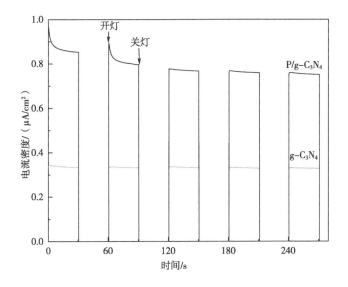

图 4-30　g-C$_3$N$_4$ 和 P/g-C$_3$N$_4$ 的光电流响应曲线

P/g-C$_3$N$_4$ 催化剂老化实验如图 4-31 所示。经过 10 次循环使用，硝基苯的降解率保持在稳定水平，证明 P/g-C$_3$N$_4$ 在热助光催化氧化过程中具有稳定的性能。

通过分析测试可知，P 原子的掺杂确实显著改变了 g-C$_3$N$_4$ 的电子结构，掺杂和原始 g-C$_3$N$_4$ 粉末的照片显示，g-C$_3$N$_4$ 的电子结构被掺入，颜色从黄色显著变为棕色。同时，来自 P/g-C$_3$N$_4$ 的反应粉末也显示出导电性的显著增加，表明在光伏应用中载流子密度和传输的提升，而该材料实际上应该具有更高的导电性。适度的磷掺杂是否会影响碳化氮的带隙尚不确定。但是，可以通过电导率证明，VIS-IR 漫反射光谱表明，在价带（VB）和导带（CB）之间引入 VB 时，可以交换中间状态。g-C$_3$N$_4$ 光催化降解硝基苯机理如图 4-32 所示。

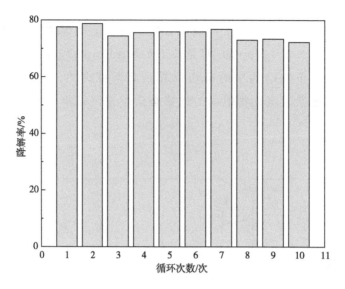

图 4-31　P/g-$C_3N_4$ 催化剂老化实验

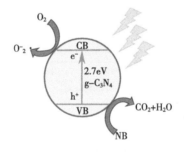

图 4-32　g-$C_3N_4$ 光催化降解硝基苯机理

由于更有效的光子捕获和电导率上升，P/g-$C_3N_4$ 的光电流明显高于未掺杂的 g-$C_3N_4$，尤其是当施加负偏压电位时，这种上升的情况更为明显。负向的光电流表明空穴在电荷输运中起主导作用。这在光电流响应曲线中得到了证实（见图 4-30）。一部分正电荷（氧化后）携带在载体上，磷通过双氰胺和含磷离子液体通过磷的强制平面配位的共缩合策略掺杂到聚合物 g-$C_3N_4$ 中。P/g-$C_3N_4$ 通过更有效的光子捕获，可以有效利用太阳能的紫外-可见-红外光谱能量来进行有机废水中污染物的降解。此外，P/g-$C_3N_4$ 对硝基苯的降解率更高，因为进入 g-$C_3N_4$ 的杂原子可以提供一个新的通道，通过桥接促进或介导电子和空穴的迁移，增加电子和空穴的分离，从而大大提高光催化活性。g-$C_3N_4$ 光-热两场耦合降解硝基苯作用机理如图 4-33 所示。

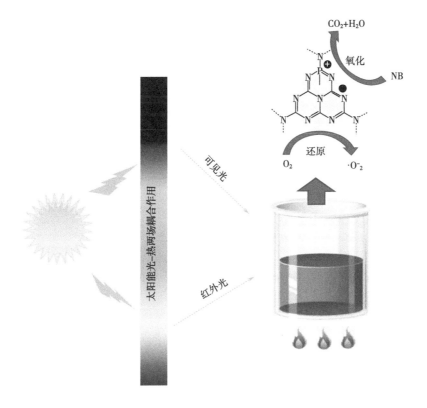

图 4-33　g-$C_3N_4$ 光-热两场耦合降解硝基苯作用机理

## 4.4.4　户外实验

太阳能光-热耦合光催化降解有机废水的氧化反应器位于密封电池（100mL）中，能够通过太阳辐射加热。温度随时间变化曲线如图 4-34（a）所示，在应用太阳能光-热两场耦合硝基苯降解过程中，反应溶液的温度迅速升高，可以在 10min 内达到 60℃。通过升高温度，更多反应物可以克服激活屏障。为了便于工业水污染控制的实际应用，可将室外测试设备快速加热至所需温度。

图 4-34（b）是含硝基苯废水的降解率随时间变化曲线。结果表明，随着时间的增加和温度的升高，随着温度的升高，降解速率先慢后快。图 4-34（b）清楚地说明了随着太阳能加热的增加，硝基苯氧化的改善，以及光催化效率随着温度的升高而增加。太阳热激活基态分子并将其转化为高能分子，然后正效应作用于光催化。在这项研究中，探索了两种利用太阳能的方法，涉及两个具有三个光谱区域的领域：①热场能量，包括长波太阳能加上有利于聚焦和有效吸收热量的可见

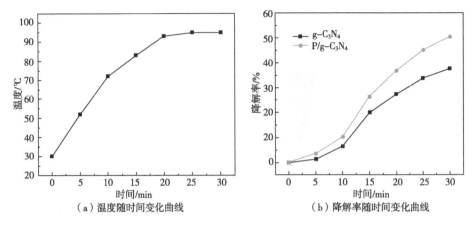

（a）温度随时间变化曲线　　　　　（b）降解率随时间变化曲线

图 4-34　户外实验曲线

区域；②光场能量（直接利用阳光）和特别可见区域的光，这有助于通过 g-C$_3$N$_4$ 和 P/g-C$_3$N$_4$ 引发光驱动化学反应。

为了研究太阳能对硝基苯氧化的耦合效应，对太阳能场的成对组合效率进行了探讨。对于两个场，以热光场的形式出现。研究表明，温度场导致分子的初始活化，从而导致随后的光化学氧化，这在很大程度上有助于光化学。由于预分子活化，热场在一定程度上增强了光催化性能。

从图 4-35 可以看出，光热耦合模式下的硝基苯氧化比单一太阳能场下的硝基苯氧化反应更大。对于成对的光热耦合模式，两个场的协同作用提高了硝基苯的氧化效率。耦合场降低了反应中使用的能量，促进了吸热化学反应的动力学。

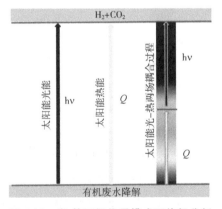

图 4-35　光-热两场作用模式下能级分析

太阳能多场耦合的协同效应大大提高了化学反应的效率，也提高了太阳能的利用率。假设整个过程由热耦合光催化反应控制，因此，研究的重点是多效光催化，因为单场光催化反应的效率最高。在太阳能多场应用中，观察到硝基苯降解的协同效应，其中降解速率大于单个场反应中的一个。当氧化是吸热反应时，需要大量能量才能穿过势垒。如果所有的能量都由一个场提供，例如光场，那么这些光催化反应的能量来源只能在紫外和可见光波段与太阳光谱重叠。因此，太阳能利用率无法从根本上得到提升。

总之，增加太阳能对反应的输入不仅有利于降低氧化还原电位的热力学，而且有利于提高反应动力学。太阳热场和光场的协同作用为硝基苯的氧化提供了足够的能量。因此，在太阳能多场驱动的热光化学模式下，催化剂的耦合和匹配实现了太阳能利用和硝基苯氧化的高效途径。实验数据分析表明，$P/g-C_3N_4$ 在废水处理中具有良好的实验前景。然而，目前光催化的研究还存在许多问题，加强基础理论的研究将极大地促进该领域的发展。探索新的研究方法和手段，构建新型、稳定、连续、高效的 $g-C_3N_4$ 光催化体系，进一步提高光响应范围和量子效率，并与其他材料配合形成相应的催化装置，推动大规模太阳能制氢技术和太阳能催化氧化合成等产业化发展，将是未来研究的重点。

## 4.5　适配 STEP 热-电耦合过程 In-situ TEC-MRA

通过 STEP 热-电两场耦合降解含硝基苯和 SDBS 有机废水的实验和理论研究，已经可以说明 STEP 理论在有机废水降解过程当中的适用性以及高效性。利用 STEP 热-电两场耦合理论降解有机废水的过程当中，可以在短时间内使有机物彻底氧化成为 $CO_2$ 和 $H_2O$，过程当中完全没有任何其他形式的能量和物质的输入。基于 STEP 理论的热力学和电化学方面问题可以统称为热电化学研究。

热电化学作为电化学的一个重要分支出现在许多学科当中，使温度作为一个重要的控制性矢量来加以细致的研究，与传统电化学中的其他参数矢量，如电压、电流和时间等附加在一起，研究它们对反应的协同作用影响。由于温度是电化学反应的最重要的参数之一，热能在传统电化学中的应用与拓展，可以使原本传统的电化学反应显示出惊人的效率，热电化学协同作用于一个反应的机理过程与反应路径，使其发生根本上的改变，而不仅仅是热化学和电化学过程简单相加，热能对于电化学过程的影响开辟全新的现代热电化学综合理论的观点。现代热电化学一直专注于应用新的化学方法和装置来深入研究热能的投加对电化学过程与机理的影响，其中热能的投加量通常具体地体现在反应体系温度的变化，将温度当作一个可以任意调节、任意缩放的变量参数，以便能够清晰地观察细微能量的变化对反应过程的具体影响，所以这种调节和缩放的方法必须具有快速响应、测量简便精确等一系列特点，否则一些化学反应中的电子转移等瞬态过程将不能得到精确的检测和分析。

通过研究，已经可以证明温度在增强硝基苯降解率中起到了关键性作用。然而，在进行 STEP 热-电耦合过程降解有机废水的实际应用当中，有关降解过程当中的许多基础数据仍然是不够充分和清晰的，特别是关于在不同条件下机理具体变化的关键参数点的研究仍然不够清晰与细致。因此，首次提出和设计了一个集成化的原位热-电化学微分析仪，命名为 In-situ TEC-MRA 装置（Integrated in-situ thermoelectrochemical microreactor-analyzer），将反应热能（$Q$）作为一个独立参数矢量，分析研究在电能（$E$）保持恒定状态时其对电化学过程的具体影响，分析过程可以视为一种原位化学，将热电化学反应实验研究和分析表征研究这两个部分统一在同一装置中进行，通过一个步骤将热化学和电化学相结合加以分析和研究。In-situ TEC-MRA 装置研制的主要目的是用以细致观察太阳能-热能和太阳能-电能协同驱动的氧化降解硝基苯的具体路径与关键参数转折点。

受到理论计算和实验分析的启发，利用 In-situ TEC-MRA 装置在稳态的条件下，着重研究关于硝基苯氧化降解过程当中的具体信息，包括氧化过程中详细的机理、具体的路径分析、氧化过程中太阳能电能和太阳能热能投入比例对降解效率直接的量化关系，以及中间体产生的时间点等进行了深入研究。In-situ TEC-MRA 的设计和研究是基于硝基苯及其降解过程中的中间体在可见光和紫外光区范围内的高灵敏度和分辨率，通过吸光度强度和峰位的变化来具体加以研究。在 STEP 热-电两场耦合实验反应过程当中，利用 In-situ TEC-MRA 装置，把温度当作一个反应的条件矢量参数来加以细致的研究，具体实时原位检测反应温度对于硝基苯降解效率、反应中间体及产物、反应热能（$Q$）和电能（$E$）需求比例等性能的影响。

### 4.5.1　In-situ TEC-MRA 设计构建

在这部分中主要解决的是研究太阳能驱动的 STEP 热-电两场耦合过程氧化硝基苯的具体途径的问题，观察其随着时间的变化，初始物、中间体和降解产物的具体变化。设计和构建的 In-situ TEC-MRA 装置如图 4-36 所示。整个装置构建在紫外分光光度计中，既是监测装置，又是反应装置，在反应进行的过程中同步完成整个反应流程的检测与监控。

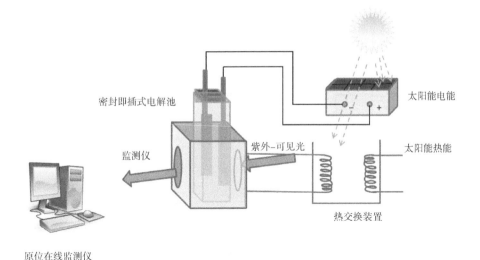

密封即插式电解池

监测仪

紫外–可见光

太阳能电能

太阳能热能

热交换装置

原位在线监测仪

**图 4-36  In-situ TEC-MRA 装置**

硝基苯水溶液的初始浓度为 20mg/L，体积为 3mL。采用带有 PC 接口的数字万用表测量电流随时间的变化。装置配备石英 Dip Cell（12.5mm×12.5mm× 45mm，光程 10mm）作为反应装置。自制的铂片电极（10 mm×15 mm）作为 In-situ TEC-MRA 装置的工作电极和对电极。

STEP 热-电两场耦合降解过程中由 In-situ TEC-MRA 装置实时监测。准确监测硝基苯在降解过程当中的路径以及中间体的具体变化，由于反应装置为微型反应装置，可以在反应的同时进行同步测量，既避免由于过程中传热和传质的影响，又可以精确调节太阳能热能（$Q_{输入}$）和电能（$W_{输入}$）的输入，有利于大规模应用太阳能 STEP 热-电两场耦合过程处理有机废水过程中输入能量的精确控制。测试的结果显示，与传统的电化学方法相比，热效应显著地影响了硝基苯 STEP 降解的途径，使硝基苯彻底的矿化为 $CO_2$、$H_2O$ 和 $NO_3^-$。

## 4.5.2  In-situ TEC-MRA 原位检测

为了具体监测反应进行的整个过程，观察了温度和电压两个参数对于反应进行的影响，设计了三个不同电压与三个不同温度条件下，共九组实验条件。图 4-37 为硝基苯水溶液在不同条件下的原位紫外-可见光吸收光谱，沿箭头方向依次为 0min，30min，60min，60min，90min，120min 反应时间测得。

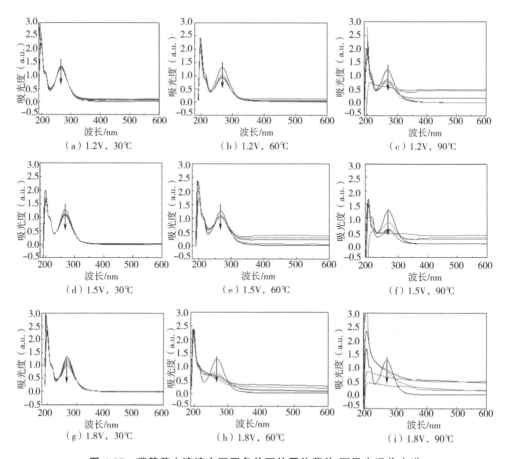

**图4-37　硝基苯水溶液在不同条件下的原位紫外-可见光吸收光谱**

实验结果显示，In-situ TEC-MRA装置可以实时监测反应发生的具体路径和进程，具有高灵敏度和高解析度的特点，可以具体监测反应的初始物浓度，中间产物的出现进程以及最终产物的出现。由于—NO$_2$是一个强吸电子基团，不利于·OH在低温的条件下进攻苯环降解硝基苯，通过观察图4-37（a）、（d）和（g）可知，在30℃的条件下，在各个电压下降解的硝基苯水溶液均未有很好的降解效果。

从图4-37的紫外光谱可以看到，温度的作用效果要远远大于电压的作用效果。随着温度由30℃变化到90℃，降解率有明显的变化，而在同一温度的条件下，特别是在30℃条件下，电压从1.2V变化到1.8V的效果并不十分明显。在电压为1.8V、温度为90℃的条件下，得到了最为明显的降解效果，随着时间的增加，在400～600nm波长范围内的吸光度急剧降低，说明了硝基苯降解的中间体在这一条件下迅速被进一步氧化降解，直至硝基苯彻底矿化。

苯环结构中，由于其电子在激发过程中发生 π-π* 跃迁，在紫外吸收范围内会产生三个跃迁吸收峰，分别对应于 $E_1$ 带跃迁，发生在 180nm 处，$E_2$ 带发生在 204nm 处和 B 带发生在 255nm 处。E 带和 B 带是芳香族化合物的特征吸收带。由于—$NO_2$ 是强吸电子基团，当它作为苯环的取代基团时，与苯环发生 π-π 共轭，会使吸收带产生明显红移效果，使 $E_2$ 带和 B 带分别红移到 213nm 和 267nm 的位置。当检测物为硝基苯的水溶液时，由于水是一种极性溶剂，会导致苯环 B 带的精细结构消失。

### 4.5.2.1　脱色

某些不饱和基团是有色有机化合物结构中不可缺少的部分，这样的基团叫作生色团。常见的生色团有：

凡含有生色团的有机物统称为色原体。生色团的存在不意味着这个化合物一定就有颜色。有机物的发色主要是由于分子结构中有两个或多个发色团的结合，所呈现的颜色是由整个共轭分子产生，而不是仅由一个孤立的生色团产生。例如：苯基和硝基都是生色团，二者的结合产物硝基苯是黄色的，但苯和硝基甲烷都是无色的，尽管它们都有生色团。本身结构当中含有生色团的分子，其在紫外区域都存在特征吸收峰，在吸收紫外光能量的同时伴随电子能级的跃迁，不同的官能团会吸收不同波长的紫外光，体现在紫外光谱中就产生不同的吸收峰。In-situ TEC-MRA 装置的研究、开发和应用，原理就是基于硝基苯在可见光和紫外光范围内的高灵敏度和分辨率。

从图 4-37 ［除图 (i) ］中可以看出，硝基苯 B 带的吸光度随时间的延长、温度和电压的增加而下降，B 带吸光度下降可以看作是硝基苯分子结构中—$NO_2$ 基团的去除。硝基苯的 B 带吸收峰在 200nm 左右，吸收峰的高首先大幅增加然后整个吸收峰变成水平 ［见图 4-38 (c)，90℃曲线］，证明了在热化学和电化学的协同效应作用下，使硝基苯快速降解为中间体。同时也可以看出硝基苯在第 1h 内的脱色效率要明显高于在 2h 内的脱色效率，这意味着在 2h 内，体系内积累了大量的部分降解的硝基苯中间体。中间体比硝基苯易于氧化，也可以导致在第 2h 内脱色率低于初始时刻，这表明几乎所有的硝基和芳香环被消除了。在电压为 1.5V，温度为 60℃时，脱色率有个明显的升高，显示 60℃的温度对于硝基苯脱色率的提高是一个关键热能量投入转折点。

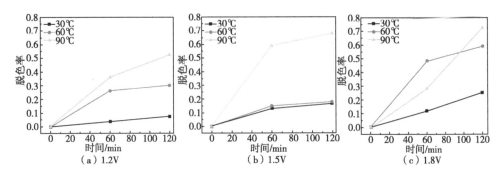

图 4-38　不同电压条件下根据 B 带吸收峰计算的硝基苯的脱色率

### 4.5.2.2　降解

从图 4-37 中看出，随着反应的进行，在 200nm 处吸收峰增加。$n$-$\sigma^*$ 跃迁和 $\pi$-$\pi^*$ 跃迁都在 200nm 附近存在着吸收峰，然而，由 $n$-$\sigma^*$ 跃迁引起的吸收峰的 $\varepsilon$（摩尔吸光系数）一般是在 $100 \sim 300$ 之间，$\pi$-$\pi^*$ 跃迁引起的 $\varepsilon$ 一般是在 $10^4 \sim 10^5$ 之间。所以通过计算图中跃迁引起的吸收峰的摩尔吸光系数的数值，是由于不饱有机物的 $\pi$ 成键轨道存在着非共轭的给电子基团导致的，在 200nm 左右吸收峰的出现是由 $\pi$ 电子从 $\pi$ 成键轨道跃迁到 $\pi^*$ 反键轨道引起的。从图 4-37（a）中的降解曲线中可以看出，在 30℃条件下，经过 120min 的热-电耦合降解，硝基苯的紫外吸收曲线在 200 nm 处达到了最大吸收峰，而在 90℃时，仅仅需要 30min［图4-37（c）］的降解。而在 30℃的降解条件下，为了达到与 90℃时 2h 相同的降解效果，经 In-situ TEC-MRA 装置检测，差不多需要经过 10h，硝基苯水溶液在 1.2V 30℃条件下的原位紫外-可见光吸收光谱如图 4-39 所示，沿箭头方向分别为反应 0~10h 曲线。

通过 30℃条件和 90℃条件下降解效果的比较，可以说明太阳能热能的耦合在反应体系中的高效利用，对提高机废水的 STEP 热-电两场耦合处理效率起到很至关重要的作用，同时也可以大大提升总的太阳能利用效率。

硝基苯的 E2 带来自于闭合苯环共轭体系的 $\pi$-$\pi^*$ 跃迁。硝基苯的紫外吸收峰在 213nm 处持续下降［除图 4-37（h）和图 4-37（i）以外］说明硝基苯分子结构中的苯环发生开环反应。同时，在高电压（1.8V）与高温（90℃）的共同作用下，中间体迅速被彻底氧化，从而使 $E_2$ 带迅速降低，反映在图 4-37（h）和图

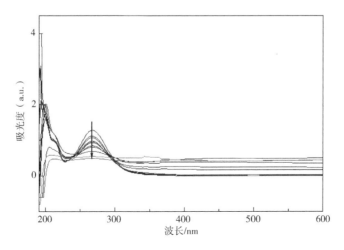

**图 4-39　硝基苯水溶液在 1.2V，30℃条件下的原位紫外-可见光吸收光谱**

4-37（i）当中，可以得出结论，在高热通量的作用条件下，微小的电压增加，就可以在硝基苯的开环反应当中产生巨大作用。

硝基苯 B 带的吸光度（267nm 处）随着时间、温度和电压的增加持续下降，但是在波长大于 300nm 的吸光度是稳步上升的［图 4-37（b）、（c）、（e）、（f）和（h）］，说明降解过程的中间体随着反应的进行逐渐消失了。硝基苯降解中间体是酚类、醌类、羧酸类，同时由于体系中未设置隔膜，还有可能存在还原产物苯胺，这些中间体也是污染物，具有很强的毒性。对于实际的水污染处理而言，污染物必须得到彻底矿化成为无机物，而不是只是简单的脱色和降解成中间体。硝基苯的水溶液在 90℃条件下降解 120min 后，在紫外光谱的波长范围内没有吸收峰，说明降解后的产物只可能存在少量的饱和有机化合物，这只会有 $\sigma$-$\sigma^*$ 和 $n$-$\sigma^*$ 跃迁，只有真空紫外光激发的条件下才可能发生跃迁。然而，在整体的测量范围内，吸光度明显减小，在 90℃，1.8V，120min 的条件下吸光度几乎接近零，说明在此条件下硝基苯的降解的中间产物被进一步氧化，甚至于完全矿化，接下来我们用 TOC 的去除率来进一步地检测硝基苯的矿化程度。

### 4.5.2.3　矿化

任何有机物废水的最理想的降解产物就是 $CO_2$、$H_2O$，这代表了废水中的有机物已经彻底被去除。硝基苯氧化降解的理想产物是 $CO_2$、$H_2O$ 和 $NO_3^-$，这表明水中的硝基苯已经完全被降解。在硝基苯的 STEP 热-电两场耦合的降解实验中，用矿化率来具体表示随着温度的变化 STEP 降解过程效率的增加。在这里硝基苯的矿化率用 TOC 的去除率来具体表示，不同反应条件下 TOC 去除率如图 4-40 所示。

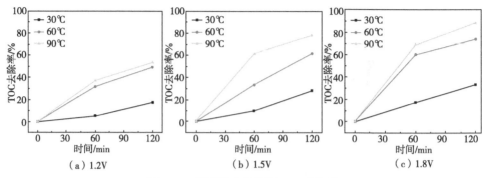

图 4-40 不同反应条件下 TOC 去除率

在降解 2h 之后，通过离子色谱仪对体系中的硝酸根离子的浓度进行检测，检测出体系中的硝酸根离子的浓度为 3～7mg/L。

图 4-40 为不同电压降解条件下硝基苯的矿化率随着反应时间的变化曲线。很明显，在较高温度的条件下得到的矿化率更高。在最初的 1h 内，硝基苯的矿化率比在第 2h 内的速度要快，这种情况尤其 90℃ 的条件下更为明显。此外，从图中也可以发现，在整个电解过程中，热效应的协同作用也表现出更高的矿化率。这与图 4-37（c）、（f）和（i）中原位紫外-可见光谱的结果是一致的。

## 4.5.3 能量分析

随着反应的不断进行，在三水平电压条件下体系中电流的变化值 $I$-$t$ 曲线如图 4-41 所示。

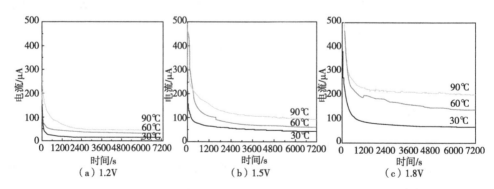

图 4-41 不同反应条件下 $I$-$t$ 曲线

　　从图 4-41 中可以观察到，当降解反应在相同电压值下进行时，随着体系的温度由 30℃升高到 90℃，体系中的电流强度也得到了提升。体系中电流的变化情况对应于电解过程当中能量的变化。在稳态电压的条件下，都可以看出在初始时刻的电流值较大，这与之前实验分析得到的第一个小时内的降解脱色率和矿化率均较第 2h 大的实验结果是相吻合的，然后随着反应的不断进行，电流值逐渐趋于稳定。

　　从图 4-41（a）中可以看出，在电压为 1.2V，反应温度为 30℃的条件下，体系中的电流值非常微弱，从该条件下硝基苯的降解程度和矿化程度上也体现了这一点，这个微小的电流值充分说明，在铂电极表面发生的硝基苯氧化的电化学作用是非常弱的。而在电压为 1.8V，反应温度为/90℃的条件下，电流值得到了显著的提升，同时从降解率和矿化率曲线［图 4-37（i）和图 4-40（c）］中也可以看出，此条件下进行的降解反应的降解率和矿化率也得到了显著的增加。在这两个氧化降解反应条件下，电流从 15μA 增加到 200μA，体系中的电流值增加了 13 倍，同时硝基苯的矿化率随着从 17％增加到了 89％，其矿化率增加了 5 倍。通过具体计算来详细地阐述每个条件下具体的能量输入总量，整个过程中太阳能热能和电能的输入量计算如下所示。

（1）不同温度下太阳能热能输入量

$$Q_{输入}(363.15K) = c\Delta T$$
$$= 177.4 J/mol \cdot K \times (363.15 - 298.15)K = 11.52 \times 10^3 \, J/mol$$

$$Q_{输入}(333.15K) = c\Delta T$$
$$= 177.4 J/mol \cdot K \times (333.15 - 298.15)K = 6.20 \times 10^3 J/mol$$

$$Q_{输入}(303.15K) = c\Delta T$$
$$= 177.4 J/mol \cdot K \times (303.15 - 298.15)K = 0.89 \times 10^3 \, J/mol$$

（2）1.2V，90℃的条件下太阳能输入量

$$W(1.2V, 363.15K) = UIt = 1.2V \times 423842.96 \times 10^{-6} \, A \cdot s = 0.51J$$

$$W_{输入}(1.2V, 363.15K) = 0.51J \times 123.1094 g/mol / (4.4 \times 10^{-6} \, g)$$
$$= 1.42 \times 10^6 J/mol$$

$$E_{输入}(1.2V, 363.15K) = Q_{输入}(363.15K) + W_{输入}(1.2V, 363.15K)$$
$$= 11.52 \times 10^3 J/mol + 1.42 \times 10^6 J/mol$$
$$\approx 1.42 \times 10^6 J/mol$$

（3）1.2 V，60℃的条件下太阳能输入量

$$W(1.2V, 333.15K) = UIt = 1.2V \times 275779.74 \times 10^{-6} A \cdot s = 0.33J$$

$$W_{输入}(1.2V,333.15K)=0.33J×123.1094g·mol^{-1}/(4.4×10^{-6}g)$$
$$=0.92×10^6 J/mol$$

$$E_{输入}(1.2V,333.15K)=Q_{输入}(333.15K)+W_{输入}(1.2V,333.15K)$$
$$=6.20×10^3 J/mol+0.92×10^6 J/mol$$
$$≈0.92×10^6 J/mol$$

（4）1.2 V，30℃的条件下太阳能输入量

$$W(1.2V,303.15K)=UIt=1.2V×125829.25×10^{-6}A·s=0.15J$$
$$W_{输入}(1.2V,303.15K)=0.15J×123.1094g·mol^{-1}/(4.4×10^{-6}g)$$
$$=0.42×10^6 J/mol$$

$$E_{输入}(1.2V,303.15K)=Q_{输入}(303.15K)+W_{输入}(1.2V,303.15K)$$
$$=0.89×10^3 J/mol+0.42×10^6 J/mol$$
$$≈0.42×10^6 J/mol$$

（5）1.5V，90℃的条件下太阳能输入量

$$W(1.5V,363.15K)=UIt=1.5V×895911.29×10^{-6}A·s=1.34J$$
$$W_{输入}(1.5V,363.15K)=1.34J×123.1094g·mol^{-1}/(4.4×10^{-6}g)$$
$$=3.76×10^6 J/mol$$

$$E_{输入}(1.5V,363.15K)=Q_{输入}(363.15K)+W_{输入}(1.5V,363.15K)$$
$$=11.52×10^3 J/mol+3.76×10^6 J/mol$$
$$≈3.76×10^6 J/mol$$

（6）1.5 V，60℃的条件下太阳能输入量

$$W(1.5V,333.15K)=UIt=1.5V×649961.99×10^{-6}A·s=0.97J$$
$$W_{输入}(1.5V,333.15K)=0.97J×123.1094g/mol/(4.4×10^{-6}g)$$
$$=2.72×10^6 J/mol$$

$$E_{输入}(1.5V,333.15K)=Q_{输入}(333.15K)+W_{输入}(1.5V,333.15K)$$
$$=6.20×10^3 J/mol+2.72×10^6 J/mol$$
$$≈2.72×10^6 J/mol$$

（7）1.5 V，30℃的条件下太阳能输入量

$$W(1.5V,303.15K)=UIt=1.5V×406745.72×10^{-6}A·s=0.61J$$
$$W_{输入}(1.5V,303.15K)=0.61J×123.1094g·mol^{-1}/(4.4×10^{-6}g)$$
$$=1.71×10^6 J/mol$$

$$E_{输入}(1.5V,303.15K)=Q_{输入}(303.15K)+W_{输入}(1.5V,303.15K)$$
$$=0.89×10^3 J/mol+1.71×10^6 J/mol$$

$$\approx 1.71 \times 10^6 \text{J/mol}$$

（8）1.8 V，90℃的条件下太阳能输入量

$$W(1.8\text{V}, 363.15\text{K}) = UIt = 1.8\text{V} \times 1638781.75 \times 10^{-6}\text{A} \cdot \text{s} = 2.95\text{J}$$

$$W_{输入}(1.8\text{V}, 363.15\text{K}) = 2.95\text{J} \times 123.1094\text{g} \cdot \text{mol}^{-1}/(4.4 \times 10^{-6}\text{g})$$
$$= 8.24 \times 10^6 \text{J/mol}$$

$$E_{输入}(1.8\text{V}, 363.15\text{K}) = Q_{输入}(363.15\text{K}) + W_{输入}(1.8\text{V}, 363.15\text{K})$$
$$= 11.52 \times 10^3 \text{J/mol} + 8.24 \times 10^6 \text{J/mol}$$
$$\approx 8.24 \times 10^6 \text{J/mol}$$

（9）1.8V，60℃的条件下太阳能输入量

$$W(1.8\text{V}, 333.15\text{K}) = UIt = 1.8\text{V} \times 1297762.89 \times 10^{-6}\text{A} \cdot \text{s} = 2.34\text{J}$$

$$W_{输入}(1.8\text{V}, 333.15\text{K}) = 2.34\text{J} \times 123.1094\text{g} \cdot \text{mol}^{-1}/(4.4 \times 10^{-6}\text{g})$$
$$= 6.53 \times 10^6 \text{J/mol}$$

$$E_{输入}(1.8\text{V}, 333.15\text{K}) = Q_{输入}(333.15\text{K}) + W_{输入}(1.5\text{V}, 333.15\text{K})$$
$$= 6.20 \times 10^3 \text{J/mol} + 6.53 \times 10^6 \text{J/mol}$$
$$\approx 2.72 \times 10^6 \text{J/mol}$$

（10）1.8 V，30℃的条件下太阳能输入量

$$W(1.8\text{V}, 303.15\text{K}) = UIt = 1.8\text{V} \times 614557.67 \times 10^{-6}\text{A} \cdot \text{s} = 1.11\text{J}$$

$$W_{输入}(1.8\text{V}, 303.15\text{K}) = 1.11\text{J} \times 123.1094\text{g} \cdot \text{mol}^{-1}/(4.4 \times 10^{-6}\text{g})$$
$$= 3.09 \times 10^6 \text{J/mol}$$

$$E_{输入}(1.8V, 303.15\text{K}) = Q_{输入}(303.15\text{K}) + E_{输入}(1.8\text{V}, 303.15\text{K})$$
$$= 0.89 \times 10^3 \text{J/mol} + 3.09 \times 10^6 \text{J/mol} \approx 3.09 \times 10^6 \text{J/mol}$$

能量输入总量如表 4-5 所示。

表 4-5　能量输入总量

| 温度 | 303.15K（30℃） | 333.15K（60℃） | 363.15K（90℃） |
|---|---|---|---|
| $E_{输入}$（1.2V）/（J/mol） | $0.42 \times 10^6$ | $0.92 \times 10^6$ | $1.42 \times 10^6$ |
| 矿化率/% | 17.4 | 49.2 | 53.4 |
| $E_{输入}$（1.5V）/（J/mol） | $1.71 \times 10^6$ | $2.72 \times 10^6$ | $3.76 \times 10^6$ |
| 矿化率/% | 27.83 | 61.5 | 78.1 |
| $E_{输入}$（1.8V）/（J/mol） | $3.09 \times 10^6$ | $6.53 \times 10^6$ | $8.24 \times 10^6$ |
| 矿化率/% | 33.4 | 73.6 | 88.6 |

表 4-5 中可以更加清晰地比较能量投入与矿化率之间的对应关系。在 90℃/1.2V

的条件下，硝基苯的矿化率为 53.4%，能量消耗总量为 $1.42 \times 10^6$ J/mol，而在 30℃/1.8V 的条件下，硝基苯的矿化率为 33.4%，能量消耗总量为 $3.09 \times 10^6$ J/mol，两者相比，在太阳能-热能的作用条件下，整体能量的投入量节约了约 50%，却得到了更优异的废水降解效果。

此外，在能量的计算过程中可以看出，与投入的太阳能电能的输入量 ($W_{输入}$) 相比，太阳能热能的输入量 ($Q_{输入}$) 几乎小到可以忽略不计的程度。在太阳能辐射总能量中，热能的比例大约占太阳能总能量的 1/3 以上，太阳能-热能的转化效率也远远高于其他能量的转化率，大约为 65%～80%。因此，对于有机废水的 STEP 热-电耦合降解过程而言，如果在过程中尽可能多地使用太阳能-热能，将是一种廉价而高效的利用太阳能处理有机废水的方式。

水的理论电解电压为 1.23V，根据实际电解的条件不同，过电位导致的实际的电解电压值会有所升高。因此，对于废水中的电解氧化硝基苯的临界能量消耗的值，如果电压大于水的电解电压时，应与水电解时消耗的能量综合起来考虑。测量计算出的能量消耗值，当所施加的电压高于水的电解电压时：

$$E_{输入} = E_{NB降解} + E_{水分解} \tag{4-14}$$

当所施加的电压低于水的电解电压时：

$$E_{输入} = E_{NB降解} \tag{4-15}$$

$$E_{水分解} = 0 \tag{4-16}$$

如果反应过程当中可以精确控制反应的电压，就可以使投入的所有能量都用于体系中有机物的降解，避免体系在阳极附近发生析氧反应，这样可以使能量的利用最大化，提高太阳能热能和太阳能电能的利用效率。

## 4.5.4 动力学和机理分析

根据硝基苯的紫外-可见光吸收光谱在 267nm 处的吸光度的变化，来计算硝基苯降解动力学（图 4-42～图 4-44）。在 30℃ 的条件下，硝基苯降解反应的光照时间 $t$ 和 $\ln(C_0/C_t)$ 呈线性关系，如式（4-3）所示，符合准一级动力学模型。由此计算出其反应速率常数得到的数值经线性模拟得出 $k$，拟合的回归方程显示出了良好的线性关系。然而，在 60℃ 和 90℃ 的条件下，一级动力学方程并不能够很好的体现出反应发生的动力学进程，从拟合曲线中也可以看出，拟合度非常差。这是由于在高温的条件下，当反应进行到一半时，体系中已经是大量的中间体在发生降解反应，而不是硝基苯本身在发生降解反应。

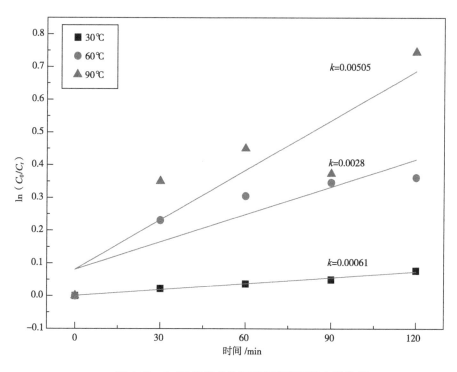

**图 4-42　1.2V 降解条件下硝基苯降解动力学分析**

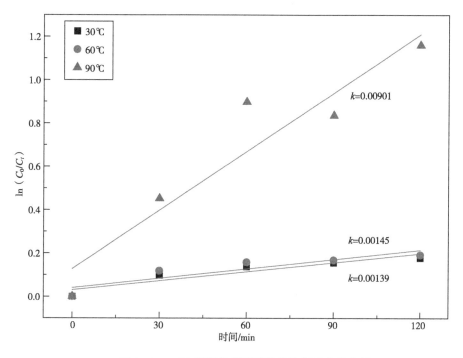

**图 4-43　1.5V 降解条件下硝基苯降解动力学分析**

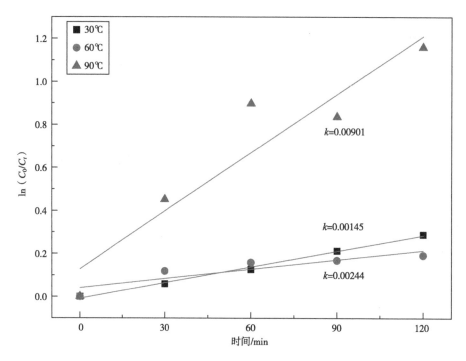

图 4-44  1.8V 降解条件下硝基苯降解动力学分析

从整个曲线的变化趋势上来看，仍然可知，随着反应的温度升高，反应的速率得到了明显的提升。太阳能热能的大量投入使含硝基苯水溶液降解的矿化度大大提升，同时对于硝基苯在高温和低温下的降解路径，根据原位紫外吸收-可见光光谱的变化，将整个降解过程分为脱色、降解、矿化三个具体的阶段，反应进程可以推测如下。

图 4-45 阐释了通过 STEP 热-电两场耦合的作用下硝基苯降解过程，经历了三个基础步骤，分别是脱色、降解和矿化。首先，温度的升高提高了化合物自身分子的动能（动能与温度是正相关）。当水分子的动能达到或超过共价键的键能时，分子发生解离生成自由基。所以当体系温度越高时，系统中产生的·OH 自由基越多，而·OH 自由基具有强氧化性。在高温路径中，当大量的·OH 自由基直接攻击硝基苯分子时，生成酚、醌类和其他小分子有机物，这是一个快速反应过程。与此相对应的，由于—$NO_2$ 是强吸电子基团，在低温的条件下不利用·OH 自由基的进攻，同时由于体系中的·OH 自由基的量较少，部分硝基苯可能首先发生还原反应，然后再扩散到阳极发生氧化反应。在常温的电化学反应当中，还原反应起到了主导作用，是一个主反应，具体路径在图 4-38 中表示成低温路径，这是一个慢速的化学反应过程。

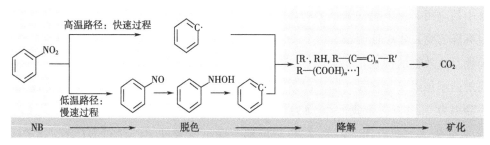

**图 4-45　STEP 热-电两场耦合硝基苯降解过程**

在热助循环伏安曲线当中，低温条件下存在两个还原峰，同时这两个还原峰也都具有很大的电流密度值，也证明了这一点。发色基团取代的过程是一个脱色的过程，然后发生芳环的开环作用，形成了碳氢化合物自由基、烯烃和羧酸等一系列的降解产物，最后，这些碳氢化合物和酸矿化成 $CO_2$ 和 $H_2O$。在低温条件下，硝基化合物降解过程中存在大量的中间体的积累，这是导致硝基苯降解速率较低的主要原因，而在高温的条件下，这一反应进程被大大加速了。

因此，与传统的电化学单场降解模式相比，在 STEP 热-电耦合两场作用模式下进行有机废水的降解反应，更加有效也更为高效。太阳能提供能源的热通量增加了有机废水中有机物的矿化速率。利用 In-situ TEC-MRA 装置来完成 STEP 热-电耦合两场作用模式的应用，提供了一个全新的、高效快速检测有机废水降解过程的方式，这种装置的研究、开发以及进一步完善将会有广阔的发展和应用前景。

## 4.6　本章小结

本章提出了将太阳能 STEP 热-电两场的化学过程相耦合，作用于有机废水的降解过程（以 SDBS 和硝基苯的降解为例）。通过实验证明了第 3 章理论分析的正确性，目标有机物的降解效率随着热能部分投入的增加，其降解效率不断增大。通过实验测定以及条件分析，确定了降解模拟含 SDBS 有机废水的最佳条件，通过对降解过程及产物的分析，得知太阳能-热能的大量投入改变了反应的整体历程。在 5g/L 的氯化钠为电解质的体系中，在温度为 90℃ 的 STEP 模式下降解 60min 后，SDBS 的降解率增加了 21.6%，矿化率增加了 3 倍，体现了 STEP 热-电两场耦合模式对含 SDBS 废水降解的实用性以及适配性。同时全户外条件下进行的真实 SDBS 废水的降解过程，也说明了 STEP 热-电两场耦合模式是一种绿色高效的利用太阳能进行有机废水降解的模式。

本章还通过实验测定了 STEP 热-电两场耦合匹配理论在降解含硝基苯有机废

水中的应用，由于硝基苯是一种高毒性且非难以降解的有机物，所以将其选定为目标降解物，实验证明该 STEP 两场理论对含硝基苯有机废水的降解同样具有适配性且高效性的特点，在应用 STEP 热-电两场耦合理论的条件下，在无任何化学药剂的添加以及能量投入的情况下，硝基苯的降解率达到了 81.2%，其 COD 的去除率为 76.1%。根据一级动力学方程拟合计算的直线反应速率，$k_{90℃}$ 约为 $k_{30℃}$ 的两倍。在应用 STEP 光-热两场耦合理论的条件下，针对 g-C$_3$N$_4$ 和 P/g-C$_3$N$_4$ 光催化对硝基苯废水的降解情况，由降解数据可知，60℃ 时 P/g-C$_3$N$_4$ 样品降解率最高。所以在污水处理中，可以根据不同的反应温度来选择光催化剂。

根据不同温度条件下的动力学分析可知，改性前后催化样品降解硝基苯溶液的过程均为一级反应，且根据温度的不同，催化效果也不同。当温度越高时，催化效果越好。60℃ 时光催化的反应速率最快，对溶液的降解率最高。整体试验数据分析结果表明石墨相氮化碳 g-C$_3$N$_4$ 在污水治理方面具备良好的实验前景。就目前而言，对于其光催化作用的研究还有诸多问题不够明确，加强对基础理论的研究将会极大地促进这一领域的发展。探索新的研究方法和手段，构建新型、稳定、连续、高效的 g-C$_3$N$_4$ 光催化体系，进一步提高光响应范围和量子效率，并且与其他材料配合形成所对应的催化器件，促进太阳能大规模制氢技术与太阳能催化氧化合成的工业化发展等，都会是今后重点研究的对象。

在此基础之上，为了能够清楚不同条件下机理具体变化的关键点，首次提出和设计了一个集成化的原位热电化学微分析仪，即 In-situ TEC-MRA。

利用 In-situ TEC-MRA 装置在稳态的条件下，着重研究关于硝基苯氧化过程中的具体信息，包括氧化过程中详细的机理以及具体的路径分析，氧化过程中太阳能电能和太阳能热能投入比例对于降解效率直接的量化关系以及中间体产生的时间。利用 In-situ TEC-MRA 装置来完成 STEP 热-电耦合两场作用模式的应用，把温度当作一个反应的条件变量来加以细致的研究，具体实时原位检测反应温度对于反应效率、反应中间体及产物、反应能量需求比例等性能的影响，通过实时检测计算反应过程当中能量投入的变化，计算得出能量投入与矿化率之间的对应关系。在 90℃/1.2V 的条件下，硝基苯的矿化率为 53.4%，能量消耗总量为 $1.42 \times 10^6$ J/mol，而在 30℃/1.8 V 的条件下，硝基苯的矿化率为 33.4%，能量消耗为 $3.09 \times 10^6$ J/mol，两者相比，在太阳能-热能的作用条件下，整体能量的投入量节约了约 50%，却得到了更优异的废水降解效果。In-situ TEC-MRA 的研究构建和成功应用，提供了一个全新的、高效快速检测有机废水降解过程的方式，展示出广阔的发展和应用前景。

# 第5章
# 用于 STEP 有机废水降解的
# 改性 TiO₂ NTs 研究

通过第 4 章的实验过程和实验结果可以看出，以含硝基苯和 SDBS 为例进行的太阳能 STEP 热-电两场耦合降解有机废水，是一种能够高效利用太阳能的方式，不仅可以应用于实际各种有机废水降解的反应当中，同时还可以在全户外的实验操作条件下得到有效的应用。然而，通常含苯环芳香类有机分子，特别是诸如硝基苯等含有强吸电子基团的芳香类有机物，由于其氧化过程中反应的活化能较高等原因，通常在短时间内难以将其彻底地氧化降解，所以反应需要在苛刻条件如高温、高压或催化剂协同作用下才能得以有效进行。

太阳能 STEP 热-电两场耦合降解有机废水的过程，通过耦合太阳能-电能和太阳能-热能过程为降解有机物的反应提供能量，是一种绿色节能的有机废水处理方法，相对于传统方法而言，其价格便宜、效率较高。但是第 4 章中研究的太阳能 STEP 热-电两场耦合反应中，太阳能利用需要借助太阳能集热器和太阳能光伏电池来实现，其整体的利用效率始终局限于太阳能集热器和太阳能光伏电池自身的转化过程效率。从实验结果中可以看出，在反应进行 2h 后，有机废水中的主要污染目标组分仍然没有达到完全降解的效果。

太阳光的能量到达地面的辐射主要包括三部分：紫外光、可见光和红外光，它们几乎包含了太阳的全部能量。从太阳光谱能量的角度，STEP 热-电两场耦合过程也只是利用了太阳能量的红外和可见光部分的能量，而太阳紫外光部分的能量基本没有得到利用。因此，本章拟研究从全光谱的角度来利用太阳能能量，将其耦合匹配作用于同一反应当中，即同时将：

（1）太阳光紫外部分能量应用与光催化剂进行反应；

（2）可见光部分能量应用于太阳能光伏电池发电；

（3）红外光部分能量应用于太阳能集热器生热。

这三种部分能量同时利用耦合在一个反应中，得到有机废水的高效彻底降解。

根据这种理念，为了能够有效地将太阳光紫外部分能量引入到反应当中，达到全光谱利用的目的，需要设计研究并构建一个能够利用紫外部分太阳光的反应体系。

半导体光催化技术能够直接利用太阳能紫外部分能量这一天然能源，将其设计应用到 STEP 全光谱利用反应体系中，是能够将太阳光紫外部分能量引入利用到反应的最有效手段，在能源、化工和环保等方面都具有广阔的研究和应用前景。在诸多种类的光催化剂当中，$TiO_2$ 以其稳定的结构、较强的吸附性、优越的抗光腐蚀性和低廉的价格被认为是最具有发展前景的光催化剂之一。为了能够将 STEP 光-电-热三场耦合同时应用到同一有机废水降解的反应体系中，同时能够在反应的过程当中不造成催化剂损失，拟采用原位生长的方法，在钛金属表面进行电化学氧化制备 $TiO_2$ 纳米管（NTs）。制备后的原位生长于金属钛片表面的 $TiO_2$ NTs，集电极作用与催化剂作用于一体，由于催化剂是原位生长在钛金属表面，避免了传统光催化剂二氧化钛粉体 P25 纳米颗粒应用于光催化降解废水回收困难的缺点。为了进一步提高 $TiO_2$ NTs 的催化性能，对所制备的 $TiO_2$ NTs 进行多种改性处理。但是由于纳米尺度的 $TiO_2$ 能带间隙较宽（锐钛矿 3.23eV，金红石型 3.02eV），对太阳光的吸收效率很低，只能吸收太阳光中 4% 的紫外光部分，所以对其改性处理后扩宽了吸收利用的波段。本章通过 CV、SEM、EDS、FTIR、XPS 和 XRD 等分析表征了 $TiO_2$ NTs 电极的性质，并采用气相、液相和离子色谱等手段分析降解后产物的组成。

## 5.1 实验部分

### 5.1.1 药品与试剂

原位生长电化学氧化制备 $TiO_2$ 纳米管（NTs）及改性所需的实验试剂如表 5-1 所示。

表 5-1 实验试剂

| 试剂名称 | 纯度 |
| --- | --- |
| 蒸馏水 | 自制 |
| 硝基苯（NB，$C_6H_5NO_2$） | 分析纯 |
| 钛片（Ti） | 99.9% |
| 乙二醇 [（$CH_2OH$）$_2$，EG] | 分析纯 |
| 氟化铵（$NH_4F$） | 分析纯 |

续表

| 试剂名称 | 纯度 |
|---|---|
| 马来酸（$C_4H_4O_4$） | 分析纯 |
| 苯醌（$C_6H_4O_2$） | 分析纯 |
| 甲醇（$CH_4O$） | 分析纯 |
| 丙酮（$CH_3COCH_3$） | 分析纯 |
| 乙醇（$C_2H_5OH$） | 分析纯 |
| 硫酸钠（$Na_2SO_4$） | 分析纯 |
| 氯化钠（$NaCl$） | 分析纯 |
| 硝酸银（$AgNO_3$） | 分析纯 |
| 氯金酸（$HAuCl_4$） | 分析纯 |
| 氯铂酸钾（$K_2PtCl_6$） | 分析纯 |
| 碳酸钾（$K_2CO_3$） | 分析纯 |
| 碳酸锂（$Li_2CO_3$） | 分析纯 |
| 碳酸钠（$Na_2CO_3$） | 分析纯 |
| 浓盐酸（$HCl$） | 分析纯 |
| 氢氧化钠（粒） | 分析纯 |
| Pt 电极 | 99.99% |

## 5.1.2　一次阳极氧化 TiO₂ NTs 制备

通过阳极氧化的方法制备 $TiO_2$ NTs 的装置如图 5-1 所示。

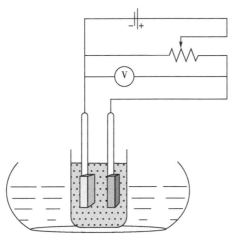

**图 5-1　TiO₂ NTs 装置示意**

实验前将钛片依次在丙酮、无水乙醇和蒸馏水中超声清洗 15min，在氮气中干燥。$TiO_2$ NTs 的制备采用双电极体系：电源采用直流稳压电源，以预处理后的钛片为阳极接入直流电源正极，铂片（2cm×2cm）为对电极接入电源负极，在 0.5% $NH_4F$ + $(CH_2OH)_2$ + 2% $H_2O$ 的混合溶液构成的电解液中，在室温 50V 恒电压下进行一次阳极氧化，氧化时间为 30min。反应结束后将制得的 $TiO_2$ NTs 用蒸馏水冲洗后，将制备好的纳米管置于马弗炉中在空气氛围下，从室温开始以 5℃/min 的升温速率加热至 450℃，恒温 1h。氧化后产生的纳米结构的 $TiO_2$ 称为一次阳极氧化 $TiO_2$ 纳米管（一次阳极氧化 $TiO_2$ NTs）。

### 5.1.3 二次阳极氧化 $TiO_2$ NTs 制备

一次氧化结束后，将有一次阳极氧化 $TiO_2$ NTs 的钛片置于装有蒸馏水的烧杯中超声清洗，直至完全去除其表面的二氧化钛纳米管膜。取出留有排列整齐的六边形凹坑印记的钛片清洗干净并烘干，进行二次阳极氧化，20V 恒电压 30min，实验步骤与一次氧化相同。反应结束后将制得的 $TiO_2$ NTs 用蒸馏水冲洗，以去除残余的电解液及纳米管管口的碎片。最后，将制备好的纳米管置于马弗炉中在空气氛围下，从室温开始以 5℃/min 的升温速率加热至 450℃，恒温 1h，使 $TiO_2$ 晶型由无定型转化为锐钛矿型。两次氧化后产生的纳米结构的 $TiO_2$ 称为二次阳极氧化 $TiO_2$ 纳米管（二次阳极氧化 $TiO_2$ NTs）。制备二次阳极氧化 $TiO_2$ NTs 流程如图 5-2 所示。

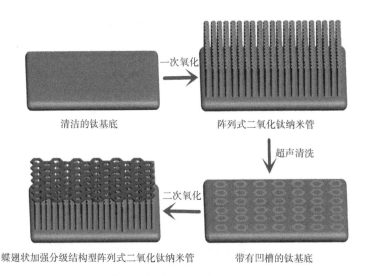

清洁的钛基底　　　　　　阵列式二氧化钛纳米管

一次氧化

超声清洗

二次氧化

蝶翅状加强分级结构型阵列式二氧化钛纳米管　　　带有凹槽的钛基底

**图 5-2　二次阳极氧化工艺制备二次阳极氧化 $TiO_2$ NTs 流程**

## 5.1.4　二次阳极氧化 TiO₂ NTs 改性

### 5.1.4.1　贵金属离子掺杂

采用光化学还原法在二次阳极氧化 TiO₂ NTs 上沉积三种贵纳米颗粒（noble metal nanoparticles，NMNs），分别是金属银、金和铂纳米粒子，图 5-3 为贵金属/TiO₂纳米管的制备工艺流程示意图。

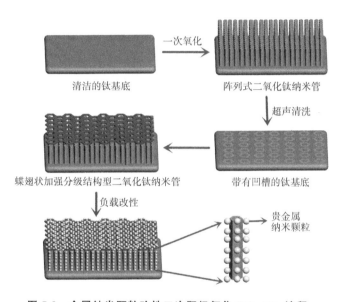

**图 5-3　金属纳米颗粒改性二次阳极氧化 TiO₂ NTs 流程**

将制得二次阳极氧化 TiO₂ NTs 分别浸入 AgNO₃溶液、HAuCl₄溶液和 K₂PtCl₆溶液中，并在超声波振荡器中超声 30min 增加二次阳极氧化 TiO₂ NTs 对溶液的吸附，取出后在室温下干燥。将干燥后的样品浸入甲醇溶液中，置于 300 W 紫外灯下照射 20 min，使金属离子经光化学还原为金属纳米颗粒，完成贵金属纳米颗粒掺杂改性后的催化剂表示为 NMNs/二次阳极氧化 TiO₂ NTs。

### 5.1.4.2　铁离子掺杂

二次氧化后，将二次阳极氧化 TiO₂ NTs 分别浸渍于不同浓度的 Fe（NO₃）₃中（0.05mol/L，0.1mol/L，0.15mol/L，0.2mol/L）10 h（Fe³⁺/TiO₂ NTs）。最后，将所有制备好的 TiO₂纳米管置于马弗炉中，以 5℃/min 的升温速率加热至

450℃，恒温 1h，随炉自然冷却。

### 5.1.4.3　非金属离子掺杂

实验选定太阳能 STEP 熔融盐碳捕获过程对所制备的二次阳极氧化 $TiO_2$ NTs 电极进行碳单质负载改性研究。STEP 碳捕获过程利用太阳能的光热效应、光电效应以及电化学反应，其核心是通过高温电解反应将环境稳定的 $CO_2$ 还原为 C 单质，太阳能光热效应不仅能够降低 $CO_2$ 吸热转化所需的能量，同时还能促进 $CO_2$ 的热电转化过程，是一个高效、可持续的"太阳—$CO_2$—C"的绿色循环过程，同时该过程也为 $CO_2$ 的资源化利用及节能减排提供了新途径。

在熔融态碳酸盐体系中，$CO_3^{2-}$ 通过电解过程将 $C^{4+}$ 转化为碳单质沉积在二次阳极氧化 $TiO_2$ NTs 表面。$CO_3^{2-}$ 在熔融碳酸盐中通过电化学方法还原成固体单质碳的过程，通常认为这个过程通过 3 种不同的反应机制发生，如式（5-1）～（5-3）所示。通过这一机制，$C^{4+}$ 离子直接还原成固体碳（$T < \sim 850℃$ 条件下）或 CO（$T > \sim 850℃$ 条件下），所产生的 $O^{2-}$ 离子除了可以作为副产物被氧化成单质氧（式 5-5），同时也可以作为吸收剂，进一步吸收大气 $CO_2$（式 5-4），使熔融碳酸盐电解质得到再生。所以在作为改性二次阳极氧化 $TiO_2$ NTs 形成 C 负载层的同时，也形成了一个完美的 $CO_2 \longrightarrow C/CO + O_2$ 循环，其中电能消耗的过程可以通过 STEP 过程中的太阳能-电能过程来提供。

$$CO_3^{2-} + 4e^- \longrightarrow C + 3O^{2-} \tag{5-1}$$

$$CO_2^{2-} + 2e^- \longrightarrow C + 2O^{2-} \tag{5-2}$$

$$4M + M_2CO_3 \longrightarrow C + 3M_2O \tag{5-3}$$

$$CO_2 + O^{2-} \longrightarrow CO_3^{2-} \tag{5-4}$$

$$2O^{2-} - 4e^- \longrightarrow O_2 \tag{5-5}$$

通过太阳能 STEP 碳捕捉和电化学转移过程电解产生的单质碳又称为 E-carbon（electrolytic carbon），与其他方式产生的单质碳相比，这种方法产生的碳由于其自身独特的在融盐中生长机制，具有更高的纯度，从而具备独特的电化学性质。E-carbon 负载过程在刚玉坩埚内进行（$Al_2O_3$，纯度 $>99\%$），混合熔融碳酸盐体系（$Li_2CO_3$，$Na_2CO_3$，$K_2CO_3$）作为电解质，质量比为 61：22：17，将制备的二次阳极氧化 $TiO_2$ NTs 作为阴极，镍电极作为阳极，在 500℃ 左右的条件下进行电解。在预电解后，负载过程在电流密度 100mA 条件下进行 10 s，然后将负载后的阴极从电解槽中取出，通过超声清洗后干燥，制备出 E-carbon 工艺流程如图 5-4 所示。

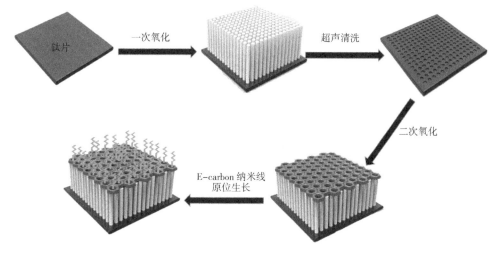

**图 5-4　E-carbon 改性二次阳极氧化 TiO₂ NTs 工艺流程示意**

在 SEM 的显示下，其结构呈纳米纤维状，通过此方法，成功地制备出碳纳米纤维负载后的二氧化钛电极（E-carbon/二次阳极氧化 TiO₂ NTs）。

### 5.1.5　TiO₂ NTs 光催化性能表征

采用场发射扫描电子显微镜测定纳米管的结构和分布的纳米颗粒的形貌（FESEM，Zeiss SigmaHV）；使用能谱仪（EDS）分析一次阳极氧化 TiO₂ NTs 和二次阳极氧化 TiO₂ NTs 的化学组成；用 X 射线衍射测定晶体结构（GIXRD，Rigaku D/max-2200，铜靶，扫描范围 $2\theta = 20 \sim 80°$）。样品的光学吸收性能通过紫外-可见光漫反射光谱仪（UV-vis DRS，Lambda 750，Perkin-Elmer）测得；用 X 射线光电子能谱（XPS，Kratos Analytical，真空度 $< 10^{-8}$ Torr）表征 TiO₂ NTs 的表面化学组成和结合状态。

光电化学性能测试均采用石英容器，在一个连有电化学工作站的三电极体系中进行，其中用所制备的一次阳极氧化 TiO₂ NTs、二次阳极氧化 TiO₂ NTs 和改性后二次阳极氧化 TiO₂ NTs 作为工作电极，Ag/AgCl 电极作为参比电极，铂电极作为辅助电极，所述电位均相对于此参比电极。

#### 5.1.5.1　液相光催化实验表征

利用硝基苯水溶液中硝基苯的降解率来评价一次阳极氧化 TiO₂ NTs、二次阳极氧化 TiO₂ NTs 和改性二次阳极氧化 TiO₂ NTs 在液相中的光催性能。光催化降解过程中，分别将一次阳极氧化 TiO₂ NTs 和二次阳极氧化 TiO₂ NTs 和改性二次阳极氧化 TiO₂ NTs 置入硝基苯溶液中，采用 28 W 紫外灯作为紫外光光源。采用紫外分光光度计测定硝基苯各时刻降解效果。最后，通过气相色谱仪（Shimadzu GC）分析气态中间产物，进样量为 20μL，检测波长为 254nm，温度为 25℃，流动相为甲醇-水体系（体积比为 1:3），流速为 1.2mL/min，液相色谱检测仪（Shimadzu LC-2010AHT，Hypersil ODS2-C18，5μm，4.6mm×150mm）和离子色谱（Metrohm 883 Basic Ic Plus，Switzerland，配套色谱柱为阴离子交换柱 6.1006.5X0 Metrosep A Supp5-150/4.0，移动相为 Na₂CO₃/NaHCO₃ 体系，流速为 0.7mL/min）对硝基苯降解中间产物进行分析。利用硝基苯水溶液中硝基苯的降解率评价改性后的光催化性能，检测贵金属负载的光催化剂活性的降解体系中硝基苯的浓度为 200mg/L，溶液体积为 30mL。使用 In-situ TEC-MRA 装置检测 E-carbon 负载的光催化剂的降解体系中硝基苯的浓度为 20mg/L，溶液体积为 3mL。

### 5.1.5.2 气相光催化实验表征

使用气态甲醇来评价一次阳极氧化 TiO₂ NTs、二次阳极氧化 TiO₂ NTs 和改性二次阳极氧化 TiO₂ NTs 的气态光催化活性。通过傅里叶变换红外光谱（FTIR，Bruker Tensor27）测定甲醇和相应的降解产物浓度。所有的光催化实验测量是在一个自制的石英器皿中进行的，用 28W 紫外灯作为紫外光光源。

### 5.1.5.3 光助循环伏安分析

光助循环伏安（CV）的分析测试采用 BAS Epsilon-EC 电化学工作站进行，扫描速率为 50mV/s。采用常规的三电极体系进行，工作电极采用自制的一次阳极氧化 TiO₂ NTs、二次阳极氧化 TiO₂ NTs 和改性二次阳极氧化 TiO₂ NTs 电极，辅助电极为铂电极，参比电极为 Ag/AgCl 电极。采用 28W 紫外灯（$\lambda = 254nm$）作为紫外光光源，300W 高压氙灯作为可见光光源，模拟不同入射光源对电极光电性能影响。在实验操作开始之前，光催化电极首先置于硝基苯溶液中 10min 以达到吸附-解吸平衡。

## 5.2　TiO₂ NTs 结构改性

通过控制合成 TiO₂ 的方法来改变 TiO₂ NTs 的形貌，研究一种通过二次阳极氧化电化学方法制备二次阳极氧化 TiO₂ NTs 的方法，与一次阳极氧化电化学方法制备 TiO₂ 纳米管相比，二次纳米管由于其独特的阵列结构，显示出更优异的光催化效果。实验同时分别考察了一次阳极氧化 TiO₂ NTs 和二次阳极氧化 TiO₂ NTs 在液相和气相中直接利用太阳光催化降解有机物污染物的性能，通过实验结果证明了二次氧化方法制备的二次阳极氧化 TiO₂ NTs 具有更加优异的光催化性能。

### 5.2.1　TiO₂ NTs 纳米管形貌

图 5-5（a）为 50V 电压下经一次阳极氧化制得的 TiO₂ 纳米管 SEM 图。从图中可以看出，纳米管排列整齐，开口朝上，中空，管径约 70nm，管壁约为 15nm。图 5-5（b）为 20V 电压下二次氧化制得的 TiO₂ 纳米管 SEM 图，由 5-5（c）为纳米管缝隙处 SEM 俯视图。由图可见，二次氧化后的纳米管呈蜂窝状双层套管结构，排列更为规整、有序，纳米管尺寸更加均匀。上层为大直径（约 140nm）六边形纳米孔，壁厚约为 23nm，下层为小直径（约 26nm）圆形纳米管，壁厚约为 15nm，从侧面可看出所制备纳米管呈中空成竹节状且底部封闭，纳米管的平均长度约为 1μm。

图 5-5（c）中右下角插图和图 5-5（d）显示纳米管底部为排列紧密的凸六边形结构，除纳米管层的 Ti 基底表面光滑，且均匀分布着规则的六边形凹坑，其形状、大小均与剥离的 TiO₂ 纳米管底部凸出处一致。图 5-5（c）中左上角插图及图 5-5（d）可以更清晰地看出环和管之间的结构很致密，六元环覆盖在纳米管顶部，生长质量很好。

采用 EDS 能谱仪对二次阳极氧化 TiO₂ NTs 进行表征以分析样品的元素组成，结果如图 5-6 所示。样品中只有 Ti 和 O 两种元素，并不含有其他元素，与实验预期相同。

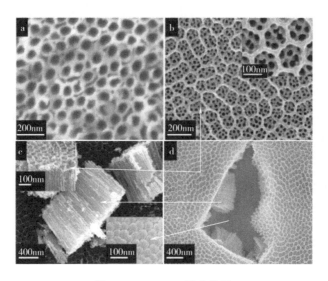

**图 5-5　TiO₂ NTs 形貌分析**

（a）、（b）分别为经一次、二次氧化制得的 TiO₂ 纳米管 SEM 图；（c）为二次氧化

TiO₂ 纳米管缝隙处 SEM 俯视图；（d）为该缝隙处 SEM 侧视图

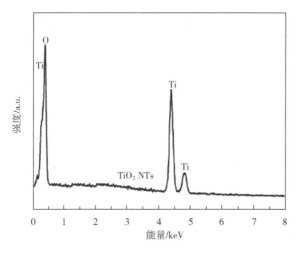

**图 5-6　二次阳极氧化 TiO₂ NTs 的 EDS 谱图**

　　晶体类型和吸光度是表征 TiO₂ 材料光催化性能的两个很重要的参数。如果一种材料具有很高的结晶度和吸光度，就意味着它也会具有优秀的光催化性能，所以使用 XRD 和紫外-可见光光谱来表征 TiO₂ NTs 的晶体类型和吸光度。从图 5-7（a）中明显可以看出，二次氧化制得的 TiO₂ NTs 经焙烧及退火处理后的锐钛矿特征峰比一次氧化的要强。从图 5-7（b）可以观察到，经过一次和二次阳极氧化后形成 TiO₂ NTs 的样品在小于 390 nm 的紫外区均有明显吸收。经比较发现，二

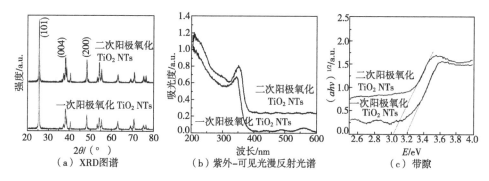

（a）XRD图谱　　　　（b）紫外–可见光漫反射光谱　　　　（c）带隙

**图 5-7　一次阳极氧化和二次阳极氧化 TiO₂ NT 的结构能带分析**

次阳极氧化所得的 TiO₂ NTs 对紫外光的吸收能力更强且吸收带发生了一定红移，光吸收范围出现轻微的拓宽。但由于 TiO₂ 本身的禁带宽度较大，因此对可见光没有表现出较明显的吸收。使用 Tauc plot 方程来计算能隙：

$$\alpha h\nu = A\ (h\nu - E_g)^n \tag{5-6}$$

式中　$\alpha$——吸光系数；

　　　$h$——普朗克常数；

　　　$\nu$——波长，nm；

　　　$A$——常数；

　　　$E_g$——带隙，eV。

对于 TiO₂ NTs 来说，$n = 2$。在 TiO₂ NTs 的吸收光谱中，以 $(\alpha h\nu)^{1/2}$ 作为纵坐标，能量为横坐标，曲线在 $x$ 轴切线的外延作为带隙值，如图 5-7（c）所示。

Ti 2p 的高分辨扫描 XPS 图谱如图 5-8（a）所示，图中 Ti 2p 峰是由 Ti 2p$_{1/2}$ 和 Ti 2p$_{3/2}$ 两个峰组成，Ti 2p$_{3/2}$ 的主峰结合能为 458.6eV，证明其中存在四价钛离子，而结合能 455.8eV 也存在拟合峰位，应该归结为其中存在三价钛离子。很多文献已经证明，Ti$^{3+}$ 自掺杂可以明显提高 TiO₂ NTs 光催化性能，原因在于因为 Ti$^{3+}$ 氧空穴的存在能够增加电子的传导性，从而导致光催化和光电催化性能的提高。

O 1s 的高分辨扫描 XPS 图谱如图 5-8（b）所示，根据拟合结果可知，O 1s 的 XPS 谱图主要由结合能为 529.95eV 和 531.39eV 的 2 个峰组成，与 TiO₂ 的晶格氧 Ti-O、羟基氧 O-H 的 O 1s 结合能数值相接近，表明本实验制得 TiO₂ NTs 中，氧元素以晶格氧、羟基氧 2 种化学态形式存在，O 1s 主要以晶格氧 Ti-O-Ti 形式存在，同时表面含有反应过程中产生的少量 Ti-OH。

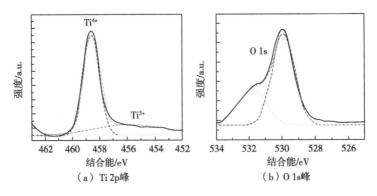

（a）Ti 2p峰　　　　　　　（b）O 1s峰

**图5-8　二次阳极氧化 TiO₂ NTs XPS 图谱**

图 5-9 为室温下 TiO₂ NTs 电极的光电流响应曲线。

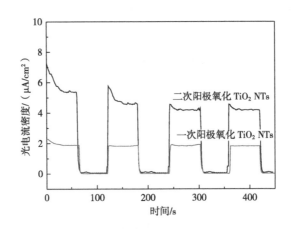

**图5-9　一次阳极氧化及二次阳极氧化 TiO₂ NTs 的光电流响应曲线（0.5V 偏压）**

　　如图所示，无光照时，电极的光电流接近为 0，可忽略不计。在加光伊始的瞬间，电流密度以不到 1s 的时间迅速升至最高并产生一个尖峰，这说明样品具有良好的光灵敏度和光响应特性。加光瞬间产生的电流主要是 TiO₂ 和电解液界面上电子和空穴的分离所致，光生电子经 TiO₂ NTs 传递到 Pt 电极经外电路而形成回路，进而形成光电流，而电流峰尖是由于电解液中的溶解氧所致。峰值过后，电流开始降低直至稳定，证明电子-空穴复合现象的产生。稳定后 TiO₂ NTs 的光电流约为 4.2μA/cm²。关闭光源，电流迅速降回 0 附近，再次加光辐射后电流又瞬间升至原来的大小，证明 TiO₂ NTs 具有良好的循环性能。对比 TiO₂ NTs 电极在有、无光照下的光电流值可以看出，光照时 TiO₂ NTs 电极回路电流的主要来源为光电流，而电化学电流的贡献较小。二次阳极氧化 TiO₂ NTs 电极所表现出的较高光电流响应可能是由于其独特的蜂窝状双层套管式结构，为光电子线性传输提供了更好的通道，从而使光电子传输速率明显改善。

## 5.2.2　液相光催化实验

分别采用经一次和二次阳极氧化制备的 TiO₂ NTs 对硝基苯水溶液进行光催化降解，测试所制备的一次阳极氧化 TiO₂ NTs、二次阳极氧化 TiO₂ NTs 在液相体系中对有机污染的光催化性能，各时刻硝基苯吸光度随时间变化情况如图 5-10（a）和图 5-10（b）所示，沿箭头方向分别为反应 0min、30min、60min、90min 和 120min 曲线。

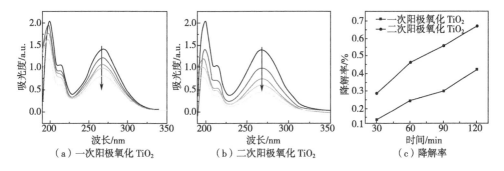

（a）一次阳极氧化 TiO₂　　（b）二次阳极氧化 TiO₂　　（c）降解率

**图 5-10　不同催化剂降解硝基苯的紫外光谱图和降解率**

由图可见，未降解的硝基苯溶液在 267nm 左右出现吸收峰，吸光度约 1.414。随着降解时间的延长，硝基苯的特征吸收峰逐渐下降，说明溶液中的硝基苯浓度逐渐减少。从紫外光谱中可明显看出，图 5-10（b）中硝基苯的特征吸收峰下降速率远远快于图 5-9（a），这进一步说明二次阳极氧化 TiO₂ NTs 的光催化活性比一次阳极氧化 TiO₂ NTs 更高，能更快地降解水体中的硝基苯。

图 5-9（c）为硝基苯溶液在一次阳极氧化 TiO₂ NTs、二次阳极氧化 TiO₂ NTs 的催化作用下各时刻的降解率。由图可见，硝基苯溶液在一次阳极氧化 TiO₂ NTs、二次阳极氧化 TiO₂ NTs 的催化作用下，降解率随时间的增加而增加。但是采用二次阳极氧化 TiO₂ NTs 作为催化剂进行光催化反应的硝基苯溶液在各时刻的降解率都显著地高于一次阳极氧化 TiO₂ NTs。在降解反应进行 2h 后，使用二次阳极氧化 TiO₂ NTs 进行光催化反应的硝基苯溶液降解率可达 66.95%，而使用一次阳极氧化 TiO₂ NTs 进行催化的硝基苯溶液降解率只有 42.31%。

根据硝基苯溶液在 267nm 处吸收峰的高度和各时刻硝基苯降解率，判断光照时间 $t$ 和 $\ln C_0/C_t$（$C_0$ 为硝基苯初始浓度，$C_t$ 为 $t$ 时刻硝基苯浓度）呈线性关系，符合一级反应动力学方程。通过一级动力学线性回归方程式来计算硝基苯降解过程中的具体反应速率常数。

一次阳极氧化 $TiO_2$ NTs 和二次阳极氧化 $TiO_2$ NTs 光催化降解硝基苯动力学分析如图 5-11 所示。当使用一次阳极氧化 $TiO_2$ NTs 作为光催化剂进行光催化降解硝基苯水溶液时，经拟合计算的 $k_{一次阳极氧化TiO_2NTs}$ 只有 0.00436，而使用二次阳极氧化 $TiO_2$ NTs 作为光催化剂降解硝基苯时，经拟合计算的 $k_{二次阳极氧化TiO_2NTs}$ 为 0.00897，为催化剂结构改性前反应速率常数的 2.06 倍。这表明二次阳极氧化 $TiO_2$ NTs 的光催化降解硝基苯反应速率比一次阳极氧化 $TiO_2$ NTs 提升了约 2 倍。

由此可见，结构改性后的二次阳极氧化 $TiO_2$ NTs 的光催化活性明显优于一次阳极氧化 $TiO_2$ NTs。推测二次阳极氧化 $TiO_2$ NTs 光催化活性得到提升的原因是 $TiO_2$ 表面形成了更加整齐的套管状结构，使比表面积大大增加，拓宽了 $TiO_2$ NTs 的吸光范围，同时也为光电子的传递和转移的通过提供了通道，同时由于套管结构对光的折射和散射作用，使得二次阳极氧化 $TiO_2$ NTs 的吸光范围得到了拓展，大大提高了对光的利用率。

循环使用同一片二次阳极氧化 $TiO_2$ NTs 对硝基苯进行光催化降解，从而判断经二次氧化结构改性的二次阳极氧化 $TiO_2$ NTs 的稳定性能。以 2h 为一个降解时间单元，观察硝基苯处于 267nm 处的特征吸收峰的变化情况。

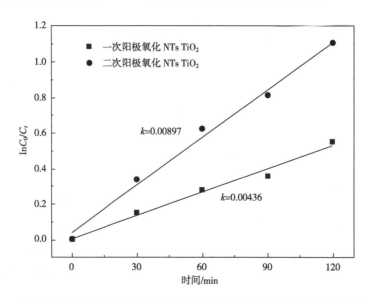

**图 5-11　一次阳极氧化 $TiO_2$ NTs 和二次阳极氧化 $TiO_2$ NTs 光催化降解硝基苯动力学分析**

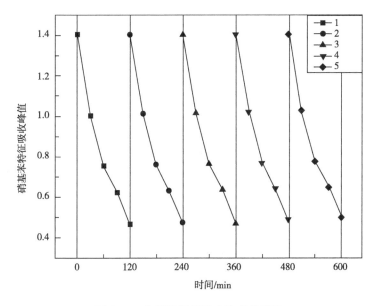

**图 5-12　电极重复使用 5 次老化试验**

从图 5-12 可看出，循环多次使用同一片二次阳极氧化 TiO₂ NTs 作为光催化剂降解硝基苯时，每个降解时间单元内硝基苯的降解率未发生明显改变。在经过 5 次循环操作之后，对硝基苯的降解率仍能达到 65.29%，与第一次使用时（降解率为 66.95%）变化不大。

由此可见，进行多次降解后的新型阵列式二次阳极氧化 TiO₂ NTs 的光催化活性仍较高，性质稳定，对硝基苯能起到良好的光催化降解效果，具有潜在使用价值。实验结果显示，使用经二次氧化制得的阵列式二次阳极氧化 TiO₂ NTs 催化降解硝基苯的效果明显优于一次氧化处理的一次阳极氧化 TiO₂ NTs，展示出二次阳极氧化 TiO₂ NTs 优越的光催化性能。

### 5.2.3　气相光催化实验

为了拓展所制备的催化剂的应用空间和应用范围，同时考察其在气相中的光催化性能，将其应用于挥发性有机化合物（volatile organic compounds，VOCs）的降解。实验使用气态甲醇（5μL）来评价一次阳极氧化 TiO₂ NTs 和二次阳极氧化 TiO₂ NTs 的光催化活性。通过傅里叶变换红外光谱测定甲醇和相应的降解产物浓度，实验结果如图 5-13 所示。

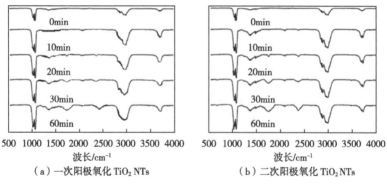

（a）一次阳极氧化 TiO₂ NTs        （b）二次阳极氧化 TiO₂ NTs

**图 5-13    不同催化剂随时间变化降解甲醇红外光谱对比**

图 5-13 为不同催化剂随时间变化降解甲醇红外光谱对比图，显示出一次氧化和二次氧化制得的 TiO₂ NTs 降解气相甲醇退化分解量的对比。在未降解之前，甲醇红外谱图显示出的红外峰位置为 1015cm$^{-1}$（C—O）、1045cm$^{-1}$（C—H）、2860cm$^{-1}$（对称 CH₃）、2950cm$^{-1}$（反对称 CH₃）和 3685cm$^{-1}$（O—H）。随着光照时间变长，1745cm$^{-1}$ 处的 C＝O 慢慢变多，这是由于甲醇被氧化成甲醛，之后 C—O 也开始增多，说明甲醛逐步退化变为甲酸，然后 2360cm$^{-1}$ 处的 CO₂ 的不断变大，说明甲醇逐步被氧化成为 CO₂ 和水。由两幅图比较可以看出，1h 后二次阳极氧化 TiO₂ NTs 降解的容器内 CO₂ 及水的含量较多，说明其被光催化降解更为迅速。

根据图 5-14（a）中 CO₂（2360cm$^{-1}$ 处）的峰高值，判断出降解反应符合准一级动力学方程，根据方程式（4-3）经过线性拟合计算出其反应速率常数 $k$，得到图 5-14（b）的线性关系图，计算得出的二次阳极氧化 TiO₂ NT 光催化降解反应速率常数比一次阳极氧化 TiO₂ NTs 提高了约 2.5 倍，表明了原位二次氧化制得的 TiO₂ NTs 比一次氧化制得的 TiO₂ NTs 在光催化性能上有了很大提高，有力地证实了原位二次氧化的光催化活性更显著。这可能是由于分级结构增大了比表面积，与降解物接触面积更大，有利于其催化分解，加强了光催化降解效果。

通过改进试验方法获得了纳米尺寸复合结构的 TiO₂ 纳米管，能够同时提高 TiO₂ 纳米管在液相和气相中的光催化性能。对于这种结构能够提高光催化性能的原因，还应该进行更深层次的研究。这种结构的 TiO₂ NTs 对于光催化降解有机污染物有巨大的应用潜力，从实验结果来看，纳米孔/纳米管的复合结构确实在光催化的提升中起到了巨大的作用。

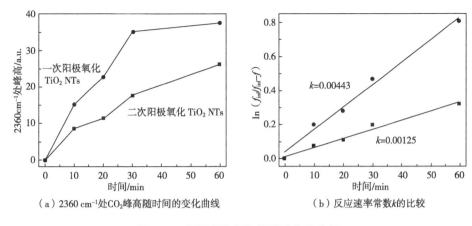

（a）2360 cm⁻¹处CO₂峰高随时间的变化曲线　　（b）反应速率常数k的比较

图 5-14　不同催化剂降解甲醇速率分析

## 5.3　二次阳极氧化 TiO₂ NTs 贵金属负载改性

通过液相和气相光催化实验结果证明，采用二次阳极氧化法制备高度有序的阵列式二次阳极氧化 TiO₂ NTs 的光催化性能要大大优于一次阳极氧化制备的一次阳极氧化 TiO₂ NTs。这种纳米孔/纳米管的复合结构确实在光催化的提升中起到了巨大的作用。采用此方法制得的 TiO₂ 纳米管成功克服了传统一次阳极氧化 TiO₂ NTs 制备方法的不足，具有分布均匀、结构稳定等优势。然而，TiO₂ 作为一种宽带隙半导体，结构对其广泛应用有一定的局限性，必须在紫外线照射下才能产生高光催化活性。为了能够进一步提升二次阳极氧化 TiO₂ NTs 的光催化性能，拓宽二次阳极氧化 TiO₂ NTs 的光响应范围，尝试对二次阳极氧化 TiO₂ NTs 进行进一步的改性。目前的研究当中已经有许多针对于 TiO₂ 纳米粒子的改性方法，包括金属掺杂、非金属掺杂等。

本书尝试使用金属掺杂和非金属掺杂这两种方法来对二次阳极氧化 TiO₂ NTs 进行改性。首先，选择三种贵金属（Ag、Au、Pt）的掺杂对二次阳极氧化 TiO₂ NTs 进行改性，选择一种最佳的金属掺杂，使掺杂的金属和 TiO₂ 之间形成肖特基势垒，如图 5-15 所示。

锐钛矿型 TiO₂ 的电子亲和性显著低于贵金属，这种特性将会诱发贵金属和 TiO₂ 之间产生较高的电子电势，加速电子的传递和转移，同时又能够抑制电子-空穴之间的复合，延长电子和空穴的寿命，提高改性后二次阳极氧化 TiO₂ NTs 的光催化性能。

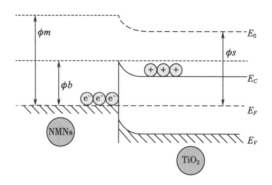

**图 5-15　贵金属纳米粒子和 TiO₂ NTs 之间能带示意**

## 5.3.1　NMNs/二次阳极氧化 TiO₂ NTs 形貌

图 5-16 为各种不同条件粒子负载下通过 SEM 和 TEM 观测到的 TiO₂ NTs 形貌。

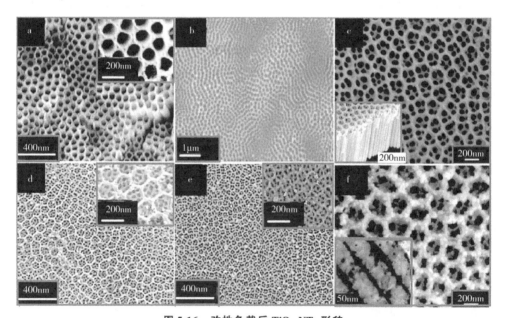

**图 5-16　改性负载后 TiO₂ NTs 形貌**

（a）一次阳极氧化 TiO₂ NTs；（b）去除一次氧化纳米管后的 Ti 基底表面；

（c）二次阳极氧化 TiO₂ NTs；（d）Ag/二次阳极氧化 TiO₂ NTs 形貌；

（e）Au/二次阳极氧化 TiO₂ NTs 形貌；（f）Pt/二次阳极氧化 TiO₂ NTs 形貌

从图 5-16（d）和（e）中可以看出，Ag 和 Au 负载到了二次阳极氧化 TiO₂

NTs 的表面，图 5-16（f）是 Pt 负载后二次阳极氧化 TiO$_2$ NTs 的表面的形貌，左下角图片为相应的透射电镜图片，从图中可以清晰地观察到 Pt 粒子不仅仅负载到二次阳极氧化 TiO$_2$ NTs 的表面，同时也沉积到了二次阳极氧化 TiO$_2$ NTs 的内部，而且呈现出均匀的分布形态，从 SEM 图片中可以看出粒径大约为 20nm。

### 5.3.2　NMNs/二次阳极氧化 TiO$_2$ NTs 光催化性能

通过紫外-可见光分光光度计来测量负载后二次阳极氧化 TiO$_2$ NTs 吸光范围的变化，如图 5-17 所示，沿箭头方向分别为 Pt，Ag，Au 负载 TiO$_2$ NTs 和无负载 TiO$_2$ NTs 吸收光谱曲线。负载改性后的二次阳极氧化 TiO$_2$ NTs 的吸光范围与未负载时的二次阳极氧化 TiO$_2$ NTs 相比都发生红移。负载后的 NMNs/二次阳极氧化 TiO$_2$ NTs 中 NMNs 和 TiO$_2$ 形成的肖特基势垒有利于电子的传输，从而减少电子和空穴发生复合的概率，这有助于提高二次阳极氧化 TiO$_2$ NTs 的光催化性能。

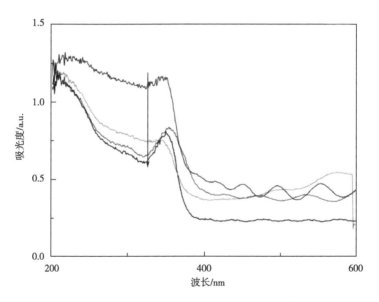

**图 5-17　NMNs/二次阳极氧化 TiO$_2$ NTs 的 UV-vis 吸收光谱**

二次阳极氧化 TiO$_2$ NTs 和 NMNs/二次阳极氧化 TiO$_2$ NTs 的 XRD 曲线如图 5-18 所示，掺杂前后的 TiO$_2$ NTs 的 XRD 曲线都体现出强烈的纯锐钛矿晶型的特征 101 衍射峰，此外，在 NMNs/二次阳极氧化 TiO$_2$ NTs 样品显示了一个额外的 111 衍射峰，说明贵金属成功地掺杂到了 TiO$_2$ 的晶体结构当中。图 5-18 中的

EDS 谱也同时显示了二次阳极氧化 TiO₂ NTs 表面存在贵金属元素。

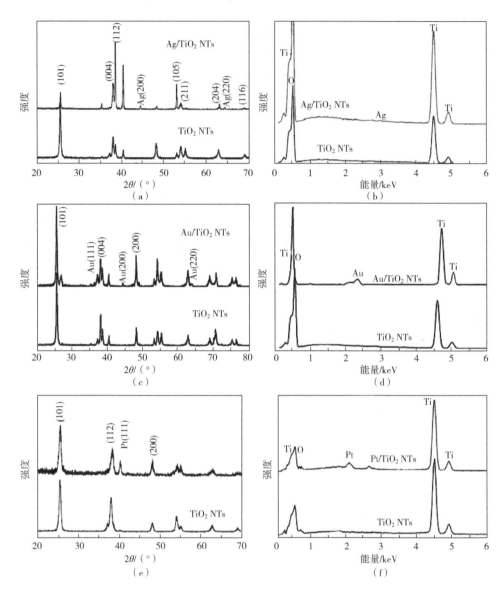

**图 5-18　二次阳极氧化 TiO₂ NTs 和 NMNs/二次阳极氧化 TiO₂ NTs 的 XRD 和 EDS 光谱**

（a）、（b）为 Ag/二次阳极氧化 TiO₂ NTs；（c）、（d）为 Au/二次阳极氧化 TiO₂ NTs；

（e）、（f）为 Pt/二次阳极氧化 TiO₂ NTs

　　在 300W 高压汞灯照射、0.5V 偏压、间隔时间 60s 的条件下来测试二次阳极氧化 TiO₂ NTs 电极和 NMNs/二次阳极氧化 TiO₂ NTs 电极的光响应电流曲线如图 5-19 所示。

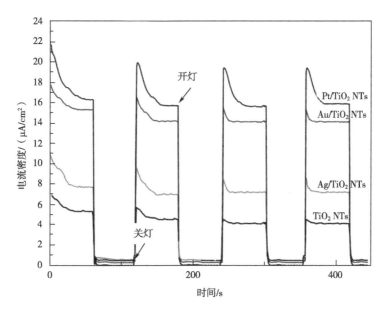

**图 5-19　光响应电流曲线（0.5V 偏压）**

　　所有负载改性后的二次阳极氧化 TiO₂ NTs 电极在多循环开/关灯条件下仍然能够保持良好的重现性和稳定性。

　　在关灯的瞬间，光电流密度几乎是同时减少到零，在开灯后，光电流密度又立即恢复至初始时的电流密度。同时也发现 Pt/二次阳极氧化 TiO₂ NTs 电极的光电流密度稳定在约 $20\mu A/cm^2$，这大约是二次阳极氧化 TiO₂ NTs 电极的 4 倍。光电流显著增强的可能是归因于二氧化钛和贵金属粒子之间形成的肖特基势垒，在形成的势垒当中，电子能够得到更快速的转移，同时光生电子和空穴得到了有效的分离。

　　实验通过降解硝基苯评估负载贵金属粒子的 TiO₂ NTs 的光催化活性，图 5-20 显示了当催化剂分别为二次阳极氧化 TiO₂ NTs、Ag/二次阳极氧化 TiO₂ NTs、Au/二次阳极氧化 TiO₂ NTs 和 Pt/二次阳极氧化 TiO₂ NTs 时硝基的降解情况。由实验结果可以明显看出，与未掺杂的二次阳极氧化 TiO₂ NTs 和其他贵金属粒子掺杂的二次阳极氧化 TiO₂ NTs 相比，利用 Pt/二次阳极氧化 TiO₂ NTs 作为催化剂时具有最高的光催化降解率。当光催化降解反应 2h 后，其光催化降解率可达 86.7%，与未掺杂改性的相比其效率提升了 20%，说明了其具有最高的降解有机物的光催化活性。

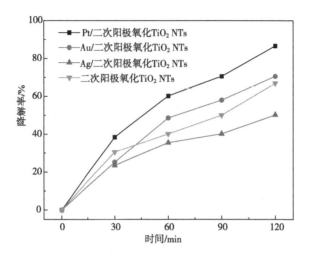

图 5-20　NMNs/二次阳极氧化 TiO₂ NTs 光催化降解硝基苯效率

### 5.3.3　NMNs/二次阳极氧化 TiO₂ NTs 光催化机理

在实验数据的基础之上，推测 NMNs/二次阳极氧化 TiO₂ NTs 光催化机理如图 5-21 所示。当使用能级高于 TiO₂ 导带的光照射于 TiO₂ NTs 表面时，原本位于价带上的电子收到激发跃迁至导带，与此同时在价带上就形成了一个带有正电的空穴，这些电子和空穴在收到光照的激发后迅速地从电极的表面移动到电极的内部，然后电荷会进一步通过 TiO₂ 和贵金属粒子之间的肖特基势垒面传导到贵金属粒子的表

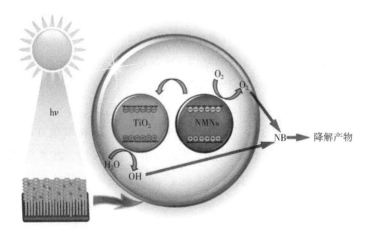

图 5-21　NMNs/二次阳极氧化 TiO₂ NTs 光催化机理

面。在光催化氧化硝基苯的条件下，吸附到光催化剂表面的氧被位于 TiO₂ 和贵金属粒子表面的光生电子还原成 $\cdot O^{2-}$，其中的水被形成的空穴氧化成为 $\cdot OH$，这两种自由基都具有很强的氧化性，被用来高效催化氧化硝基苯的分解，最终使硝基苯得到了彻底降解生成 $CO_2$ 和 $H_2O$。

## 5.4　二次阳极氧化 TiO₂ NTs 铁离子负载改性

### 5.4.1　Fe³⁺/二次阳极氧化 TiO₂ NTs 形貌

负载 $Fe^{3+}$ 后的 TiO₂ NTs 的 SEM 图像如图 5-22 所示。

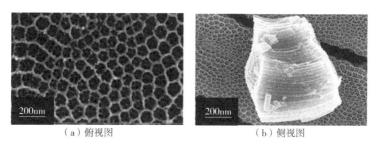

（a）俯视图　　　　　　　　　（b）侧视图

**图 5-22　负载 Fe³⁺ 后的 TiO₂ NTs 的 SEM 图像**

由图可见，在负载 $Fe^{3+}$ 后，TiO₂ NTs 的表面形貌没有发生改变，仍呈现呈蜂窝状管套式分级结构。在纳米管表面，能清楚地观测到均匀分布的 Fe 粒子。从侧视图可见，同样可以看到部分 Fe 粒子成功进入管内。经过二次阳极氧化后，TiO₂ 纳米管的比表面积增大，光路通道明显增多，能更有效地利用光能，提高光催化效率。

### 5.4.2　Fe³⁺/TiO₂ NTs 结构分析

TiO₂ 一共有三种晶型，分别是锐钛矿、金红石和板钛矿。在这三种晶型中，锐钛矿具有最好的光催化效果。通过对 XRD 谱图的检测，可以发现，在一次阳极氧化 TiO₂ NTs、二次阳极氧化 TiO₂ NTs、Fe³⁺/TiO₂ NTs 中，均检测到 (101)、(004)、(112)、(105)、(301) 等归属于锐钛矿相的特征峰，证明制备出的纳米管具有锐钛矿晶型。通过与标准比色卡（JCPDS 21—1272）的对比，证明其他特征峰 (100)、(101)、(110)、(103)、(112) 均为 Ti 的特征峰。这说明制备出的 TiO₂ NTs 均为锐钛矿相和 Ti 的混合物。

从图 5-23 可看出，经过二次阳极氧化后，二次阳极氧化 TiO₂ NTs 中的特征峰

（101）明显增大，这是由于样品结晶度提升的缘故。在负载 $Fe^{3+}$ 后，（101）特征峰变小。由于 $Fe^{3+}$ 的半径和 $Ti^{4+}$ 基本相同，$Fe^{3+}$ 很容易进入 Ti-O 晶格中，形成 Ti-Fe-O 键，造成结晶度下降，特征峰变小。然而，在 $Fe^{3+}/TiO_2$ NTs 中没有检测到 Fe 特征峰的存在，推测原因可能是 Fe 元素含量极低，XRD 不能检测出特征峰。

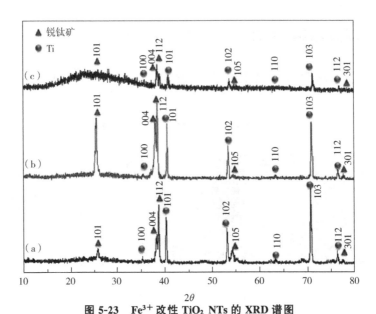

**图 5-23　$Fe^{3+}$ 改性 $TiO_2$ NTs 的 XRD 谱图**

（a）一次阳极氧化 $TiO_2$ NTs　（b）二次阳极氧化 $TiO_2$ NTs　（c）$Fe^{3+}/TiO_2$ NTs

采用与场发射扫描电镜配套的能谱分析仪（EDS）对制备的 $TiO_2$ 纳米管电极片的 EDS 图谱进行检测，$TiO_2$ 纳米管能谱分析如图 5-24 所示。

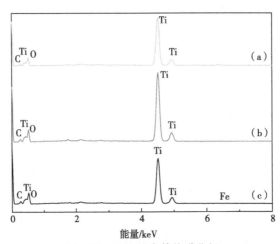

**图 5-24　$TiO_2$ 纳米管能谱分析**

（a）一次阳极氧化 $TiO_2$ NTs　（b）二次阳极氧化 $TiO_2$ NTs　（c）$Fe^{3+}/TiO_2$ NTs

不同 $TiO_2$ 纳米管各元素质量分数如表 5-2 所示。

**表 5-2　不同 $TiO_2$ 纳米管各元素质量分数**

| 样品 | Ti | O | Fe | C |
|------|-----|-----|-----|-----|
| 一次阳极氧化 $TiO_2$ NTs | 51.33 | 46.57 | 0 | 2.10 |
| 二次阳极氧化 $TiO_2$ NTs | 49.39 | 48.88 | 0 | 1.73 |
| $Fe^{3+}$/$TiO_2$ NTs | 51.59 | 44.18 | 1.71 | 2.52 |

通过图 5-24 和表 5-2 可看出，一次阳极氧化 $TiO_2$ NTs 和二次阳极氧化 $TiO_2$ NTs 的主要构成元素为 Ti、O 和 C。C 元素的引入可能是由于在制备过程中，一小部分乙二醇电解液中的 C 元素被还原，另一种原因可能是由于在程序升温过程中，部分空气中的 $CO_2$ 被还原。另外，在三种制备的 $TiO_2$ NTs 中，Ti 元素的含量均比 O 元素的含量略高，这是由于整个氧化过程均是在 Ti 片基底上发生，部分 Ti 被氧化为 $TiO_2$，而其余部分没有被氧化。在 $Fe^{3+}$/$TiO_2$ NTs 中，成功地检测到了 Fe 元素的存在，这说明经过一段时间的浸渍，Fe 元素能成功负载到 $TiO_2$ NTs 中。Fe 元素在 $Fe^{3+}$/$TiO_2$ NTs 中的质量分数仅仅为 2.52%，这样小的负载量很难被 XRD 检测到。

为进一步探索 $TiO_2$ NTs 中 Fe 元素的负载形态，对 $Fe^{3+}$/$TiO_2$ NTs 进行了 XPS 检测，XPS 谱图如图 5-25 所示。

从 XPS 全谱谱图可以清楚地看到 Fe 的特征峰，从而进一步证实 Fe 元素已成功负载在 $TiO_2$ NTs 上。通过对 Fe 的特征峰进行进一步高分辨扫描，可以看到处于 710.7eV 和 724.1eV 的两个明显的特征峰，通过查阅相关文献可知，$Fe_2O_3$ 的特征峰位置位于 710.7eV 和 724.3eV，与这两个峰的位置基本吻合。出现细微偏差的原因是部分 Fe 离子进入 Ti-O 晶格中，形成 Ti-Fe-O 键，造成特征峰位置向低能方向偏移。因此，可以确定 Fe 元素是以 $Fe^{3+}$ 的形态负载在 $TiO_2$ NTs 上的。

从图 5-25（c）中，可以看到位于 458.5eV 的 Ti $2p_{3/2}$ 峰和位于 464.2eV 的 Ti $2p_{1/2}$ 峰，这两个特征峰的位置与 $Ti^{4+}$ 离子特征峰的位置极为接近，说明 $TiO_2$ NTs 中的 Ti 元素主要以 $Ti^{4+}$ 的形式存在，出现位置略微偏移的原因是 $TiO_2$ NTs 中还存在部分 $Ti^{3+}$。$Ti^{3+}$ 能有效地抑制光生电子-空穴的复合，提高 $TiO_2$ NTs 的光催化活性。

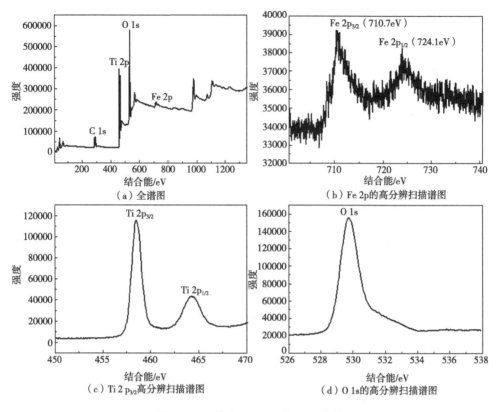

（a）全谱图

（b）Fe 2p的高分辨扫描谱图

（c）Ti 2$p_{3/2}$高分辨扫描谱图

（d）O 1s的高分辨扫描谱图

**图 5-25 $Fe^{3+}$/TiO$_2$ NTs 的 XPS 谱图**

### 5.4.3 $Fe^{3+}$/TiO$_2$ NTs 光催化性能

制备出的 TiO$_2$ NTs 的 UV-vis DRS 谱图如图 5-26 所示，在紫外光区均有较为明显的吸收峰。

经过二次阳极氧化后，二次阳极氧化 TiO$_2$ NTs 的吸光度明显提高。在负载 $Fe^{3+}$ 后，TiO$_2$ NTs 的吸光度进一步提高。这种吸光度的明显提升不仅表现在紫外光区，也同样表现在可见光区。这说明 $Fe^{3+}$/TiO$_2$ NTs 不仅能有效地利用太阳光中的紫外光部分，也能对太阳光中的可见光部分进行有效的利用，光能利用率大大提升。这种现象可被能级理论解释。由于 $Fe^{3+}$ 的半径和 $Ti^{4+}$ 半径基本相同，在进入 TiO$_2$ NTs 中后，能取代 TiO$_2$ NTs 中 $Ti^{4+}$ 的位置，形成杂质能级。当太阳光照射在 TiO$_2$ NTs 上后，TiO$_2$ NTs 中的电子被光能激发，会首先跃迁至杂质能级后再跃迁至导带。这可使 $Fe^{3+}$/TiO$_2$ NTs 的吸收边带向长波方向移动，有效

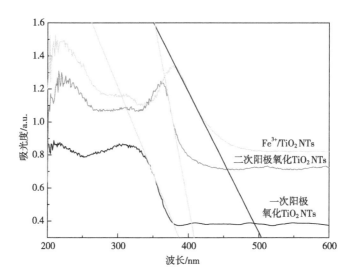

图 5-26　制备出的 $TiO_2$ NTs 的 UV-vis DRS 谱图

地扩大光响应范围。

通过公式 $E_g = 1240/\lambda_g$，可以计算出一次阳极氧化 $TiO_2$ NTs、二次阳极氧化 $TiO_2$ 和 $Fe^{3+}/TiO_2$ NTs 的禁带宽度分别为 3.204eV、3.038eV 和 2.452eV。通过计算可知，在负载 $Fe^{3+}$ 后，$TiO_2$ NTs 的禁带宽度被显著降低，能够有效提升 $TiO_2$ NTs 的光催化活性。结合 XRD 图谱，推测在引入 $Fe^{3+}$ 后，$TiO_2$ NTs 的表面结构发生变化，从而引起吸收边带蓝移。

为进一步探索制备出的 $TiO_2$ NTs 的光催化活性，分别测试了一次阳极氧化 $TiO_2$ NTs、二次阳极氧化 $TiO_2$ 和 $Fe^{3+}/TiO_2$ NTs 的光响应电流曲线。检测结果如图 5-27 所示。

在每一个开/关灯的周期里，都能观察到明显的光响应电流的生成和消失。在最初的开灯瞬间，$Fe^{3+}/TiO_2$ NTs 的光响应电流瞬间达到 1.09mA/cm²，是二次阳极氧化 $TiO_2$ 的 2 倍（0.4765mA/cm²），是一次阳极氧化 $TiO_2$ NTs 的 6 倍（0.1693 mA/cm²）。光响应电流的迅速提升的原因是在 $Fe^{3+}$ 和 $TiO_2$ NTs 间，形成肖特基结。肖特基结能有效加速 $TiO_2$ NTs 中光生电子-空穴对的分离，并抑制其复合。实验结果显示，$Fe^{3+}/TiO_2$ NTs 能显著提升 $TiO_2$ NTs 的光催化活性。

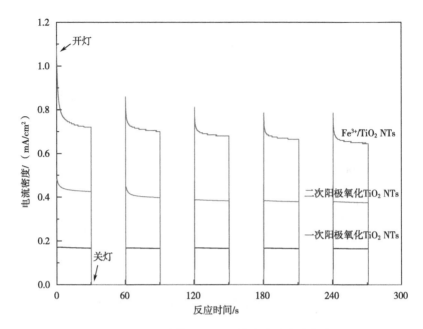

图 5-27　不同改性 TiO₂ NTs 的光响应电流曲线

### 5.4.4　Fe³⁺/TiO₂ NTs 光催化降解硝基苯

不同催化剂下光催化降解硝基苯废水情况如图 5-28 所示。

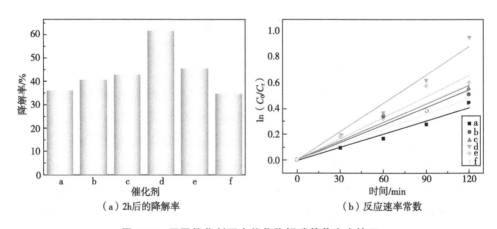

（a）2h后的降解率　　　　（b）反应速率常数

图 5-28　不同催化剂下光催化降解硝基苯废水情况

为确定 $Fe^{3+}$ 的最佳添加量，分别将制备好二次阳极氧化 TiO₂ NTs 浸渍于 0.05 mol/L、0.10 mol/L、0.15 mol/L、0.20 mol/L 的 Fe（NO₃）₃溶液中，经

程序升温后制备不同掺杂量的 $Fe^{3+}/TiO_2$ NTs，并对含硝基苯废水进行光催化降解。

不同催化剂作用下硝基苯废水反应的相关系数和速率常数如表 5-3 所示。

**表 5-3　不同催化剂作用下硝基苯废水反应的相关系数和速率常数**

| 序号 | 样品 | 速率常数 $k$ | 相关系数 $R^2$ |
|---|---|---|---|
| a | 一次阳极氧化 TiO₂ NTs | 0.00338 | 0.9858 |
| b | 二次阳极氧化 TiO₂ NTs | 0.00455 | 0.9808 |
| c | 0.05mol/L $Fe^{3+}$ | 0.00482 | 0.9869 |
| d | 0.10mol/L $Fe^{3+}$ | 0.00736 | 0.9887 |
| e | 0.15mol/L $Fe^{3+}$ | 0.00551 | 0.9858 |
| f | 0.20mol/L $Fe^{3+}$ | 0.00401 | 0.9772 |

从表 5-3 可看出，光催化降解硝基苯废水的过程基本符合一级反应动力学方程 $\ln C_0/C_t = kt$，相关性系数较好。在光催化降解 2h 后，在负载 0.05mol/L $Fe^{3+}$ 离子的 TiO₂ NTs 的光催化作用下，硝基苯的降解率比负载前得到明显提高。随着负载量进一步提升至 0.10mol/L，在光催化 2h 后，硝基苯废水的降解率可达 61.61%，明显高于一次阳极氧化 TiO₂ NTs（35.97%）和二次阳极氧化 TiO₂ NTs（40.31%）。从图 5-28（b）可看出，催化反应速率常数显著提高。然而，随着负载量进一步提升至 0.15mol/L 和 0.2mol/L，2h 后硝基苯的降解率反而出现了明显下降。结合电镜图，推测硝基苯降解率下降的原因是过量的 $Fe^{3+}$ 团聚在纳米管管口，造成堵塞，使得到达 TiO₂ NTs 的光量减少，可利用的光能降低，造成降解率下降。因此，可以得出结论，0.1mol/L 的 $Fe^{3+}$ 是反应的最适负载量，使 TiO₂ NTs 活性显著提高。在负载 0.1mol/L 的 $Fe^{3+}$ 的 TiO₂ NTs 的光催化作用下，硝基苯能迅速被氧化分解。

### 5.4.4.1　催化剂的稳定性研究

在实际生产过程中，催化剂的稳定性十分重要。因此，对一次阳极氧化 TiO₂ NTs，二次阳极氧化 TiO₂ 和 $Fe^{3+}/TiO_2$ NTs 的稳定性进行了探索，循环使用同一片 TiO₂ NTs 对硝基苯废水进行 5 次光催化，结果如图 5-29 所示。

从图中可明显看出，经过 5 次循环催化后，一次阳极氧化 TiO₂ NTs 的催化效果明显变差，硝基苯的降解率比首次光催化时出现明显降低。而二次阳极氧化

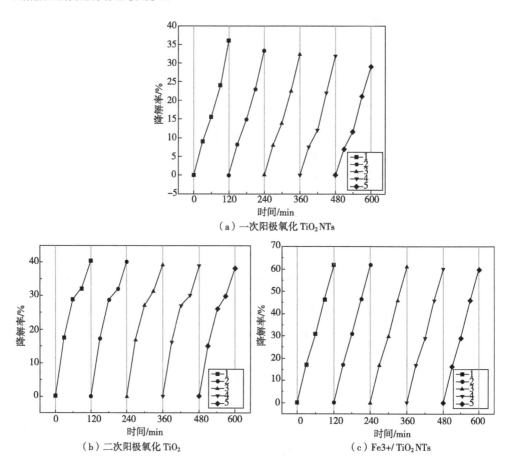

图 5-29　催化剂老化实验

$TiO_2$ 和 $Fe^{3+}/TiO_2$ NTs 在经过 5 次光催化后，与首次光催化降解硝基苯的降解率基本相同。由此可见，经过二次阳极氧化后，$TiO_2$ NTs 的稳定性显著提高，能在实际生产中保持较高的光催化活性，具有广阔应用前景。

### 5.4.4.2　光催化降解硝基苯产物分析

采用气象色谱仪，对光催化降解 30min、60min、90min 和 120min 后的硝基苯溶液生成的气体进行收集和检测，实验采用 $N_2$ 作为载气。通过检测发现，$CO_2$ 气体的体积随反应时间的增长而变多（见图 5-30）。这说明硝基苯氧化程度在光催化作用下逐渐增大，最终可被完全降解生成 $CO_2$ 和 $H_2O$。由此推测，在降解时间充分的情况下，硝基苯可完全被 $TiO_2$ NTs 催化降解为对环境基本无害的 $CO_2$ 和 $H_2O$，催化效果良好，具有广阔发展前景。

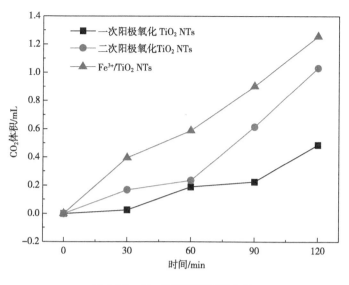

图 5-30　$CO_2$ 体积随时间变化图

### 5.4.4.3　光催化降解硝基苯废水的机理

为进一步探索 $Fe^{3+}$/$TiO_2$ 光催化降解硝基苯的机理，探索了光催化降解过程中各种活性氧基团的作用。甲醇、EDTA、对苯醌分别作为 ·OH、$h^+$、和 ·$O_2^-$ 的猝灭剂。添加猝灭剂后各时刻硝基苯降解率大小如图 5-31 所示。

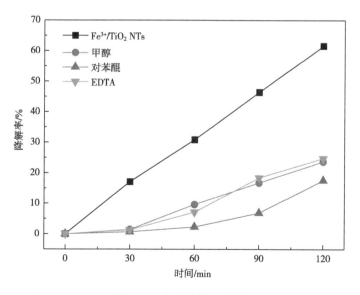

图 5-31　自由基猝灭实验

如图 5-31 自由基猝灭实验所示，加入猝灭剂后，硝基苯在各时刻的降解率明显下降。由此可证明，·OH、$h^+$ 和 $·O_2^-$ 是光催化降解过程中活跃的氧化性物质。

当 $Fe^{3+}/TiO_2$ NTs 被紫外光照射到后，光生电子-空穴被激活，光生电子被激活后跃迁至导带上，然而光生空穴仍留在价带上。由于 $Fe^{4+}/Fe^{3+}$ 的能级高于锐钛矿相 $TiO_2$ 价带的能级，同时 $Fe^{3+}/Fe^{2+}$ 的能级低于锐钛矿相 $TiO_2$ 导带的能级，$Fe^{3+}$ 不仅能够捕捉带负电的光生电子，又能捕捉带正电的光生空穴。在光生空穴和 $Fe^{3+}$ 之间，生成 $Fe^{4+}$，$Fe^{4+}$ 与 $H_2O$ 发生作用，生成大量·OH。由于·OH具有较高的氧化电位（2.80 eV），氧化性极强，能迅速将废水中的硝基苯氧化为 $CO_2$ 和 $H_2O$，而不生成对环境造成二次污染的物质。

另一方面，$Fe^{3+}$ 与光生电子进行反应，生成强氧化性的 $·O_2^-$，进一步增强了 $Fe^{3+}/TiO_2$ NTs 的光催化活性。在 Fe 元素的各种形态中，$Fe^{3+}$ 稳定性最强，$Fe^{2+}$ 和 $Fe^{4+}$ 可以通过释放和吸收电子的方式，重新转化成 $Fe^{3+}$，有利于光催化反应的持续进行。因此，经 $Fe^{3+}$ 负载的 $TiO_2$ NTs 能有效抑制电子-空穴的复合，加速二者分离，能够有效地促进光催化反应的进行，加快硝基苯的降解率。

## 5.5 二次阳极氧化 TiO$_2$ NTs 非金属负载改性

### 5.5.1 E-carbon/二次阳极氧化 TiO$_2$ NTs 形貌

图 5-32 (a) ～ (c) 和 (a′) ～ (c′) 分别显示了一次阳极氧化 $TiO_2$ NTs、二次阳极氧化 $TiO_2$ NTs 和 E-carbon/二次阳极氧化 $TiO_2$ NTs 模拟形貌和扫描电镜下形貌。从图中 5-32 (a′) 可以看出一次阳极氧化 $TiO_2$ NTs 的形貌较为松散，同时呈现无规则的状态，在电荷的传导性能上较二次阳极氧化 $TiO_2$ NTs 差，所以相对应的光催化性能也较差。当在二次阳极氧化 $TiO_2$ NTs 表面负载了 E-carbon 以后，由于 E-carbon 是通过电化学的方法，直接通过电荷传导与碳离子的还原过程生长到二次阳极氧化 $TiO_2$ NTs 表面，所以它的整体形貌可以通过控制电解的条件来控制生长，使 E-carbon 和二次阳极氧化 $TiO_2$ NTs 之间存在着电化学的通道连接，而这种连接的通道非常有利于在后续的反应过程中的传质和传核。同时，由于表面的 E-carbon 在制备的过程中，通过酸洗的过程去除表面残留的碳酸盐，这一过程使 E-carbon 的表面生成了大量的含氧官能团，这些含氧官能团的存在可以进一步推动物质和电荷在 E-carbon 表面的传输。

对于光催化处理废水的光催化剂来说，催化剂自身的润湿性，即亲水性的大小，是催化剂自身非常重要的一种表面性质，对催化剂表面电荷的传输，光催化处理废水的效率都有很大的影响。如果用于处理废水的催化剂的表面结构是亲水性的，就能够提高电荷在催化剂表面和被处理物质之间的电荷传输。由于 E-carbon 纳米线在二次阳极氧化 TiO₂ NTs 表面制造了足够的粗糙度，所以二次阳极氧化 TiO₂ NTs 表面的亲水性得到了增强，如图 5-32（d2）和（e2）所示，从而增加了的光催化剂表面的传质和传核性能，如图 5-32（d3）和（e3）所示。

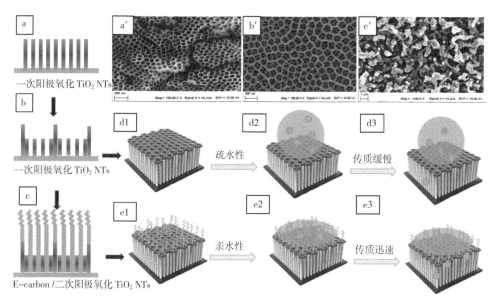

**图 5-32　一次阳极氧化 TiO₂ NTs、二次阳极氧化 TiO₂ NTs 和 E-carbon/二次阳极氧化 TiO₂ NTs 模拟形貌和扫描电镜形貌**

利用 EDS 来分析测试 E-carbon 纳米线的元素组成，如图 5-33（a）所示。从图中可以看出 E-carbon 纳米线成功地负载到了二次阳极氧化 TiO₂ NTs 表面，其元素组成主要为 Ti、O 和 C。对于一次阳极氧化 TiO₂ NTs、二次阳极氧化 TiO₂ NTs 和 E-carbon/二次阳极氧化 TiO₂ NTs 的晶型分析体现在图 5-33（b）中，从图中可以看出 E-carbon/二次阳极氧化 TiO₂ NTs 的 XRD 衍射峰。在 26°和 43°处，可以归结为碳纳米纤维中六方晶格的石墨（002）的衍射峰（JCPDS 41-1487）。同时，TiO₂ 也在 25.5°体现出锐钛矿 101 面峰位，此峰位和碳纳米管的 26°衍射峰出现重叠现象。

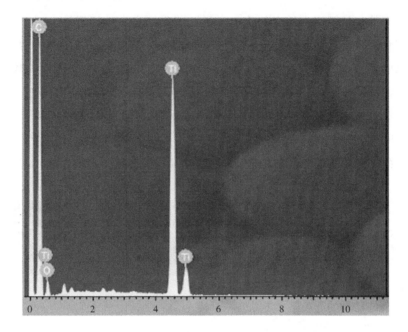

（a）E-carbon/二次阳极氧化 TiO₂ NTs 的 EDS分析

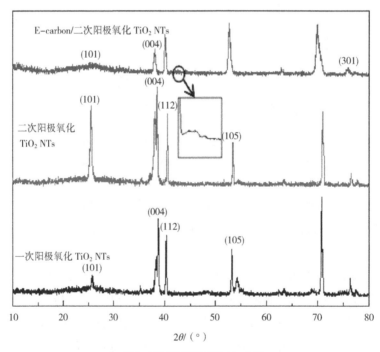

（b）三种不同催化剂的XRD曲线

**图 5-33　催化剂元素晶型分析**

图 5-34 为图 5-33（b）中 E-carbon/二次阳极氧化 TiO₂ NTs 的 XRD 的降噪放大图，从图中可以更清晰地看出在 43°（100 面）和 44°（101 面）存在的碳纳米纤维的衍射峰。此外，在图 5-33（b）中可以看出，二氧化钛的 101 锐钛矿的衍射峰在表面生长碳以后变得平缓了，这时由于碳覆盖到了二次阳极氧化 TiO₂ NTs 的表面所致，但是整体来说，二次阳极氧化 TiO₂ NTs 的晶型并未因此发生改变。

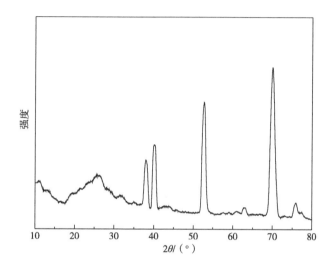

**图 5-34　E-carbon/二次阳极氧化 TiO₂ NTs 的降噪 XRD 曲线**

## 5.5.2　E-carbon/二次阳极氧化 TiO₂ NTs 光催化性能

在光催化氧化反应发生的过程中，溶液中的物质在催化剂的表面发生传质和传核的作用，过程的发生主要经由以下三个阶段：

（1）待降解污染物质由溶液中迁移到催化剂表面；

（2）待降解污染物质被催化剂表面的活性点捕捉；

（3）待降解污染物质与光生空穴发生氧化反应。

在这三个阶段中，通常的光催化中的光生电子和空穴由于复合的效率较高，所产生的能够和物质发生反应的有效的空穴数量严重不足，所以通常将后面的两个阶段看作为控制阶段。光生电子和空穴的大量复合会严重衰减催化剂的工作效率，使催化剂降解有机物的性能变差，所以，对于光催化剂来说，待降解污染物质能否在表面得到迅速的迁移，以及光生电子和空穴能否得到有效的分离是决定催化剂性能的重要指标。

### 5.5.2.1　传质特性

通过控制固态催化剂的表面化学组成，可以控制催化剂表面和水中有机物之间发生光催化降解的反应时的分子间作用力。通过表面复合和表面的预处理过程，使 E-carbon 具备了巨大的比表面积，对被降解的硝基苯展现出了强大的吸收能力，这有助于接下来反应过程的中传质和传核反应。E-carbon 和硝基苯之间传质作用的差别体现在图 5-35 中。图 5-35 为二次阳极氧化 $TiO_2$ NTs 和 E-carbon/二次阳极氧化 $TiO_2$ NTs 两种光催化剂在黑暗条件下进行吸附-解吸 10min 的紫外-可见光曲线，沿箭头方向分别为 1～10min 测得吸光度曲线。

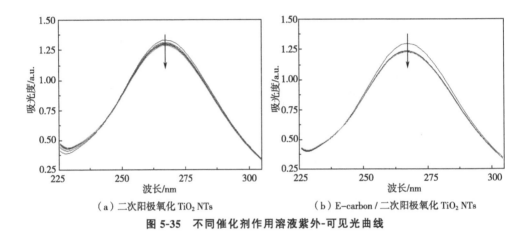

（a）二次阳极氧化 $TiO_2$ NTs　　　　（b）E-carbon / 二次阳极氧化 $TiO_2$ NTs

**图 5-35　不同催化剂作用溶液紫外-可见光曲线**

从图中可以看出，E-carbon/二次阳极氧化 $TiO_2$ NTs 在黑暗的条件使体系中的硝基苯的浓度降低，而这种降低由于没有光照，所以不存在发生反应的可能性，仅仅是由于吸附导致的。吸附量的增大，说明在接下来有光照条件下可以发生更多的硝基苯的降解反应。在催化剂表面原位生长的 E-carbon 纳米线加速了外部物质的传导，而且由于 E-carbon 的生长机理是通过电化学的途径生成，自身就和二次阳极氧化 $TiO_2$ NTs 存在电荷传输的通道，还能够同时加速电荷的传导。从另一方面说，也加速空穴和电子的分离效率，抑制了空穴和电子的复合，使表面空穴能够有效地进攻待降解物质分子，增加降解效率。

### 5.5.2.2　传荷特性

通过光催化反应去除水溶液中的有机物是在水污染处理中具有广阔应用前景的方法，其催化降解的原理是在光催化剂的表面，通过光生电子和空穴在催化剂的表面分离，分离后的空穴具有强氧化性，氧化分解有机物。所以，使电子和空穴得到高效分离，并且抑制其复合，是提高其催化活性的最有效的途径。实验中通过测量 E-carbon/二次阳极氧化 TiO₂ NTs、二次阳极氧化 TiO₂ NTs 和一次阳极氧化 TiO₂ NTs 之间表面光电容（即光电压）的差异，来体现两种光催化剂应用与反应当中光生电子和空穴的分离效率，其具体测量是通过在不同光照条件下的循环伏安曲线来体现，如图 5-36～图 5-38 所示。

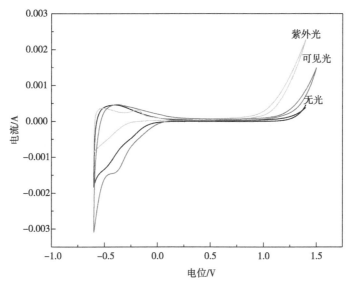

**图 5-36　一次阳极氧化 TiO₂ NTs 在硝基苯溶液中的循环伏安曲线**

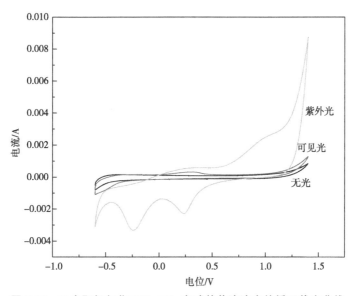

**图 5-37　二次阳极氧化 TiO₂ NTs 在硝基苯溶液中的循环伏安曲线**

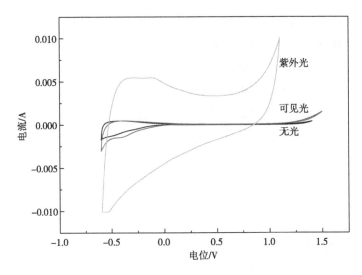

**图 5-38　E-carbon/二次阳极氧化 TiO₂ NTs 在硝基苯溶液中的循环伏安曲线**

　　根据半导体表面态理论，表面态可分为施主态和受主态，前者倾向于在表面产生带正电的电荷，而后者倾向于将电子捕获到带负电荷的表面。当半导体处于热平衡状态时，在施主或受主型杂质能级都存在有一定数量的电子，而当半导体处于非热平衡状态时，杂质能级的电子数量将会发生变化。通常，杂质能级的积累将会造成巨大的非平衡态载流子的陷阱效应。而当电子落入陷阱时就不能直接与空穴进行复合，必须通过其他过程相结合。因此，陷阱的存在增加了载流子的弛豫时间。光催化反应主要可以分为光吸收、光致电荷产生和光致电荷分离三个步骤：

$$S + h\nu \rightarrow S^* \qquad\qquad\qquad (\text{光吸收})$$

$$S^* \longrightarrow [h^+ + e^-] \qquad\qquad (\text{光电荷产生})$$

$$[h^+ + e^-] \longrightarrow [h^{+\prime}] + [e^{-\prime}] \qquad (\text{光电荷分离})$$

式中　S——反应物分子；

　　$h\nu$——光子；

　　$S^*$——激发态分子；

　　$h^+$——空穴；

　　$e^-$——电子；

　　$h^{+\prime}$——分离后空穴；

　　$e^{-\prime}$——分离后电子。

　　在以上三个步骤中，主导的是界面的光诱导电子转移反应，载流子从催化剂外表面的光敏供体迁移到受体，这里的受体可以是在催化剂的表面，也可以是水溶液中将要被降解的有机物。E-carbon 纳米线和二次阳极氧化 TiO₂ NTs 为 [h⁺′] 和 [e⁻′] 提供了双重的迁移通道，使光致电荷可以在通道里进行更为有效的分离，以进一步地提高 E-carbon/二次阳极氧化 TiO₂ NTs 的光催化活性。

图 5-36～图 5-38 中显示三种不同结构催化剂在不同条件下的循环伏安曲线。从图中可以看出 E-carbon/二次阳极氧化 TiO₂ NTs 在紫外光的照射下，循环伏安曲线中间出现了一个很大的面积的区域，这说明在光照条件下，在 E-carbon/二次阳极氧化 TiO₂ NTs 催化剂的表面存有大量的电荷被捕获。被捕获存留于催化剂表面的电荷越多，其和空穴的复合概率就越小，与此同时，能被用于氧化体系中有机物，即硝基苯的空穴也就越多。

光吸收性能是表征光催化剂光催化性能的关键因素之一。图 5-39（a）为三种不同结构催化剂一次阳极氧化 TiO₂ NTs、二次阳极氧化 TiO₂ NTs 和 E-carbon/二次阳极氧化 TiO₂ NTs 的紫外-可见光漫反射光谱。

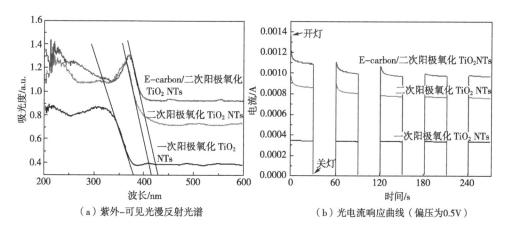

（a）紫外-可见光漫反射光谱　　　　　　（b）光电流响应曲线（偏压为0.5V）

**图 5-39　不同催化剂吸光及光电流相应情况**

从图 5-39（a）中可以看出，这三种结构的催化剂在紫外光区内都体现出了良好的吸光性能，这说明在紫外光的照射下，电子能够迅速地从 TiO₂ 的价带传送到导带。同时也发现，与一次阳极氧化 TiO₂ NTs 和二次阳极氧化 TiO₂ NTs 相比，E-carbon/二次阳极氧化 TiO₂ NTs 的紫外-可见光漫反射光谱的吸光范围出现了一个比较明显的红移，吸光度在整体范围内也出现了明显的增加。根据公式 $E_g = 1240/\lambda_g$，计算出二次阳极氧化 TiO₂ NTs 和 E-carbon/二次阳极氧化 TiO₂ NTs 的带隙分别为 3.10eV 和 2.97eV。而纳米结构的 TiO₂ 的带隙为 3.20eV，在对其结构进行二次氧化改性和匹配 E-carbon 以后，得到新结构的光催化剂的带隙值变小。对于半导体光催化来说，价带上的电子在收到带隙大于其值的长波光的激发后，从杂质能级跃迁到导带上，减少其带隙值可以降低其光致激发反应所需的能量阈值，从而有效低提高其光催化活性。所以不论是吸光度的提升还是吸收范围的红移，都可以证明 E-carbon/二次阳极氧化 TiO₂ NTs 的光催化性能得到的提升。

从图 5-39（b）中也可以看出，一次阳极氧化 TiO₂ NTs 和二次阳极氧化 TiO₂ NTs 相比，E-carbon/二次阳极氧化 TiO₂ NTs 的光响应电流值呈现逐渐增加趋势。在一次阳极氧化 TiO₂ NTs 的结构中，由于其纳米管的存在，电荷在表面的传输存在着一个阻挡层，而二次阳极氧化 TiO₂ NTs 是在原来的一次阳极氧化 TiO₂ NTs 形成的凹层中进一步生长出来的，比之前的纳米管的壁厚有所减少，所以这个较薄的阻挡层导致了较高的光响应电流。同时由于二次阳极氧化 TiO₂ NTs 在结构上与一次阳极氧化 TiO₂ NTs 相比更为规整，其表面电荷能够更为均匀分布，也在一定程度上提升了其光响应电流的值。对于 E-carbon/二次阳极氧化 TiO₂ NTs 来说，由于 E-carbon 是在二次阳极氧化 TiO₂ NTs 的基础之上通过电化学的方法原位生长出来的，与 E-carbon 和二次阳极氧化 TiO₂ NTs 之间存在电化学的连接点，电荷可以在其中自由的传导，使光生电子和空穴能够迅速地在催化剂的表面进行传递和转移，所以其光电流强度得到了进一步的提升。

因此，E-carbon 的这些独特的性质进一步表明了其对二次阳极氧化 TiO₂ NTs 光电催化的敏化作用。在有机物的氧化降解过程中，增加催化剂表面电荷的数量，可以从根本上增加光电荷的产生，即形成 $[h^+ + e^-]$ 的数量，从而在降解的过程中增加光致分离的电荷和空穴的数量。在二次阳极氧化 TiO₂ NTs 的表面原位生长的 E-carbon 纳米线不仅加快了体系中的传质过程，同时也加速了光生电子和空穴的分离。

### 5.5.2.3　NB 光催化降解

实验中利用催化氧化硝基苯的效率来评价二次阳极氧化 TiO₂ NTs 和 E-carbon/二次阳极氧化 TiO₂ NTs 的光催化性能。为了能够更好地监测反应进行的进程，以及能够和太阳能 STEP 热-电两场耦合降解硝基苯的实验过程相匹配，将 In-situ TEC-MRA 装置进行了进一步的升级改造，以便其可以实现 STEP 光-电-热三场耦合匹配降解有机废水的目标。升级改造后的装置，能够同时进行光催化反应，同时在反应的进程当中，精确地实时监测反应进行的程度，升级改造后的装置称为原位热-光-电化学微分析仪（integrated in-situ thermophotoelectrochemical microreactor-analyzer，In-situ TPEC-MRA）。

在光催化反应进行之前，将两种不同的催化剂放入硝基苯溶液中，在黑暗的条件下静止 10min 以达到吸附-解吸平衡，利用紫外-可见光吸收光谱来具体检测溶液中硝基苯浓度的变化，氧化硝基苯的紫外-可见光吸收光谱如图 5-40 所示，沿箭头方向分别为反应 0min、30min、60min、90min、120min 曲线。

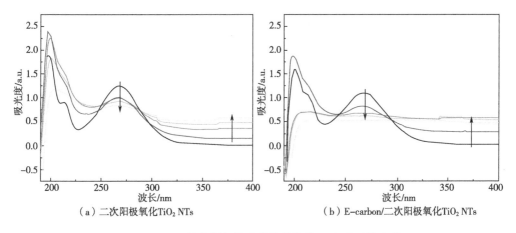

（a）二次阳极氧化 TiO₂ NTs　　　（b）E-carbon/二次阳极氧化 TiO₂ NTs

**图 5-40　不同催化剂氧化硝基苯的紫外-可见光吸收光谱**

从图 5-40 中可以看出，硝基苯的特征吸收峰在 267nm 处，随着光催化降解硝基苯反应的进行，其特征吸收峰的峰强不断降低。与二次阳极氧化 TiO₂ NTs 作为催化剂的体系相比，E-carbon/二次阳极氧化 TiO₂ NTs 催化体系中硝基苯有更快的氧化率，其 267nm 处的特征峰在反应进行 60min 后就已经几乎消失，同时在 240nm 处的吸收峰的强度变大，这说明硝基苯分子在此时已经几乎全部转化成为了其他的有机小分子。图 5-40（b）中的降解 120min 紫外曲线在检测范围内升高后又降低，说明硝基苯降解过程中的中间产物得到了进一步的氧化，直至完全矿化。

根据紫外-可见光吸收光谱计算的不同催化剂条件下对应的硝基苯的氧化率如图 5-41 所示。

从图中可以看出，随着时间的增加，硝基苯的氧化率也不断增加，但是由于 E-carbon/二次阳极氧化 TiO₂ NTs 作为光催化剂时，能够获得更高的光致电子和空穴分离效率，所以 E-carbon/二次阳极氧化 TiO₂ NTs 催化体系明显具有更佳的氧化效率。氧化过程中的一级动力学分析如图 5-42 所示。

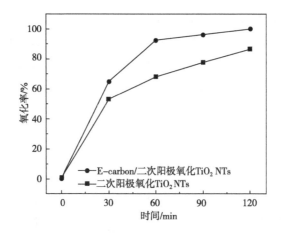

图 5-41　不同催化剂条件下对应的硝基苯的氧化率

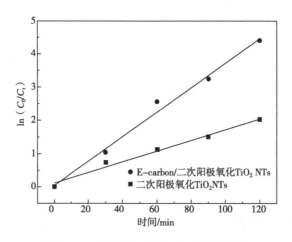

图 5-42　氧化过程中的一级动力学分析

当使用 E-carbon/二次阳极氧化 TiO$_2$ NTs 作为催化剂时，硝基苯的氧化效率在 1h 内达到了 92.3%，而相同时间内二次阳极氧化 TiO$_2$ NTs 作为催化剂的氧化效率仅为 67.8%，显示出了 E-carbon/二次阳极氧化 TiO$_2$ NTs 优异的光催化活性。当 E-carbon 与二次阳极氧化 TiO$_2$ NTs 相耦合作用时，光生电子和空穴的复合作用受到抑制，同时，空穴可以在催化剂的表面更为迅速地转移，与目标污染物进行氧化还原反应。硝基苯的光催化氧化的过程遵守一级动力学模型，根据一级动力学方程（式 4-3）来计算反应的一级动力学常数，拟合后直线如图 5-42 所示。

从图中可以明显地看出，E-carbon/二次阳极氧化 TiO$_2$ NTs 作为催化剂时的反应速率常数要远远大于二次阳极氧化 TiO$_2$ NTs 作为催化剂时的反应速率常数，大约为二次阳极氧化 TiO$_2$ NTs 作为催化剂时速率常数的 2.3 倍。

　　为了进一步检测硝基苯的彻底矿化情况，应用离子色谱来检测降解后体系中的硝酸根离子浓度，降解率及老化分析如图 5-43 所示。

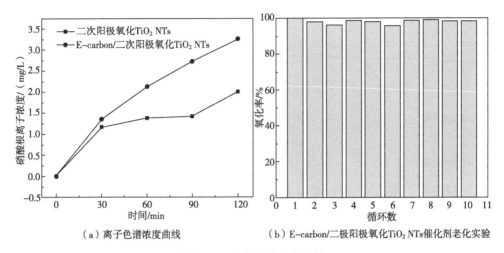

（a）离子色谱浓度曲线　　　　　　（b）E-carbon/二极阳极氧化TiO₂ NTs催化剂老化实验

**图 5-43　降解率及老化分析**

　　图 5-43（a）显示了应用不用催化剂降解时硝基苯浓度在体系中的变化情况，当 E-carbon/二次阳极氧化 TiO₂ NTs 作为催化剂时，体系中的硝酸根离子的浓度明显更高，显示出了 E-carbon/二次阳极氧化 TiO₂ NTs 在两种催化剂的对比实验中具有更高的光催化活性。图 5-43（b）为催化剂活性的老化实验情况，从图中可以看出，在催化剂应用了 10 个循环以后，其催化活性一直保持在降解率 95％ 以上。由于 E-carbon/二次阳极氧化 TiO₂ NTs 光催化应用方面这些显著的特性，可以预测其未来将会有更为广阔的应用空间。

### 5.5.3　E-carbon/二次阳极氧化 TiO₂ NTs 光催化机理

　　根据实验结果，可以清楚地了解 E-carbon/二次阳极氧化 TiO₂ NTs 的光催化活性要远远高于没有进行负载改性的二次阳极氧化 TiO₂ NTs。

　　图 5-44（a）为 E-carbon/二次阳极氧化 TiO₂ NTs 结构示意图。从图中可以更为详细直观地看出 E-carbon/二次阳极氧化 TiO₂ NTs 与二次阳极氧化 TiO₂ NTs 在结构上的差异，可以看出一次阳极氧化 TiO₂ NTs 与二次阳极氧化 TiO₂ NTs 在纳米管的垂直高度上有一个差异，E-carbon 纳米线原位生长与 TiO₂ NTs 的表面，这样就弥补了二次阳极氧化 TiO₂ NTs 套管结构中的高度差异，而在催化剂表面的 E-carbon 纳米线同时也起到看一个天线的作用，可以长距离地捕获物

质和电荷。而且 E-carbon 纳米线在催化剂的表面原位生长的机理，也为电荷的传输建立了一个可供自由传输的通道，在 $TiO_2$ 的表面起到了敏化剂的作用，使整个催化剂的吸光范围发生了红移。

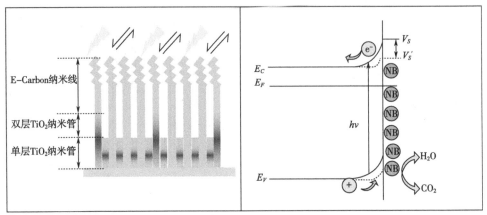

（a）E-carbon/二次阳极氧化TiO₂ NTs结构示意　　（b）TiO₂势垒变化

**图 5-44　E-carbon/二次阳极氧化 TiO₂ NTs 的光催化机理分析**

如二氧化钛等 N 型半导体的电子能带结构中，在光照的条件下在半导体的表面会产生带弯，产生类似于肖特基势垒的阻挡层。表面局域电子态诱导半导体体和表面之间的电荷转移，从而建立热力学平衡。这种电荷转移导致表面附近的非中性表面电荷区。电荷转移导致非中性表面电荷区产生内置的电场，$V_s$，通常被称为表面势垒，如图 5-44（b）所示，用箭头来表示光生电荷的重新分配情况。

当光被光子照射时，光子能量比带隙大，自由电荷载流子由入射光子诱导的带间跃迁产生。由于内置电场，所产生的电荷载流子将在表面和/或散装中重新分布。因此，表面势垒在光照后会发生改变。正是这种表面势垒在暗（$V_s$）和光照下（$V_s'$）之间的差异，被定义为光电压/电容，用来表征光催化剂。光电压/电容是光电荷分离的来源，当更多的电子被困在光催化剂的表面时，更多的空穴朝相反的方向移动，将硝基苯完全氧化成 $CO_2$ 和 $H_2O$。因此，硝基苯可以进行彻底的矿化，达到控制其引起污染的目的。

## 5.6　本章小结

为了能够将太阳能光、电、热三场耦合应用于同一反应当中，建立氧化处理有机废水的实验模式，研究了将原位生长与金属钛片上的二氧化钛纳米管作为电极，应用于有机废水的降解过程，通过选用和优化合适的电极材料及最大限度地利用太阳能进行有机废水的降解。

实验中首先对 $TiO_2$ NTs 进行结构改性，在原位制备一次氧化的 $TiO_2$ NTs 的基础上，将生成的纳米管通过超声的方法予以去除，然后在原钛片的基底上进行二次阳极氧化，制备出套管结构的二次阳极氧化 $TiO_2$ NTs，大大增加了钛片表面原位生长的 $TiO_2$ 纳米管的比表面积，并扩宽了光响应范围。分别采用经一次和二次阳极氧化制备的 $TiO_2$ NTs 对硝基苯进行光催化降解，在降解 2h 后，使用二次阳极氧化 $TiO_2$ NTs 催化的硝基苯溶液的降解率可达 66.95%，而使用一次阳极氧化 $TiO_2$ NTs 进行催化的硝基苯溶液降解率只有 42.31%。说明了二次阳极氧化 $TiO_2$ NTs 具备比一次阳极氧化 $TiO_2$ NTs 更高的光催化活性，能更快地降解水体中的硝基苯。

为了进一步提升 $TiO_2$ 纳米管的光催化效果，对二次阳极氧化 $TiO_2$ NTs 进行的改性处理，分别采取金属离子负载以及非金属离子负载的方法，实验结果表明，与未改性的 $TiO_2$ 纳米管相比，均获得了更加良好的光催化效果。首先对其进行了贵金属离子掺杂，实验选择了 Ag、Au、Pt 三种贵金属对二次阳极氧化 $TiO_2$ NTs 进行改性，与未掺杂的二次阳极氧化 $TiO_2$ NTs 和其他贵金属粒子掺杂的二次阳极氧化 $TiO_2$ NTs 相比，利用 Pt/二次阳极氧化 $TiO_2$ NTs 作为催化剂时具有最高的光催化降解率。当光催化降解反应 2h 后，其光催化降解率可达 86.7%，与未掺杂改性的相比其效率提升了 20%，说明了其具有最高的降解有机物的光催化活性。

考虑到贵金属掺杂的经济性原因，为了能够使催化剂的应用存在更为广阔的空间，采用一种更为环保低价的方法来进行光催化剂的改性处理，实验中采用电解熔融碳酸盐过程在二次阳极氧化 $TiO_2$ NTs 的表面负载单质碳，即 E-carbon。由于 E-carbon 的独特的电化学生长机制，其与二次阳极氧化 $TiO_2$ NTs 之间存在电化学连接，可以解决原来二次阳极氧化 $TiO_2$ NTs 的套管结构中电子传递距离不一致的问题。当使用 E-carbon/二次阳极氧化 $TiO_2$ NTs 作为催化剂，在 In-situ TPEC-MRA 装置中进行硝基苯溶液的催化降解时，硝基苯的氧化效率在 1h 内达到了 92.3%，而相同时间内二次阳极氧化 $TiO_2$ NTs 作为催化剂的氧化效率仅为 67.8%，增加了 24.5%，同时其反应速率常数大约为二次阳极氧化 $TiO_2$ NTs 作为催化剂时速率常数的 2.3 倍，光催化的效果得到了明显提升。

# 第 6 章
# STEP 光-电-热三场耦合有机废水降解研究

本章提出 STEP 全光谱利用太阳能,将太阳能紫外能量(光催化)、可见光能量(太阳能-电能)及红外光能量(太阳能-热能)利用在一个降解有机废水的反应当中,将 STEP 热-电两场耦合降解有机废水的实验成果,与试制成功的新型 E-carbon 改性后的原位生长于钛片表面的光催化剂相结合,通过太阳能 STEP 光-电-热三场耦合协同作用,驱动有机废水降解反应。全光谱光效利用的 STEP 过程的能源消耗少,可使吸热化学反应所需电能降低,并且促进反应动力学过程向生成目标产物的方向进行。

在太阳能 STEP 光-电-热三场同时作用模式中,太阳能光伏电池提供较低的稳定光电压,随着温度的增加,在 E-carbon/二次阳极氧化 $TiO_2$ NTs 的光催化协同作用下,有机废水得到高效的降解。在太阳能 STEP 光-电-热三场耦合作用模式下,将 E-carbon/二次阳极氧化 $TiO_2$ NTs 光催化剂复合金属电极作为中心电极,利用其进行 STEP 光-电-热三场氧化降解含硝基苯有机废水的反应机理,探讨了太阳能光-电-热的协同作用对有机废水降解反应历程的影响。

## 6.1 实验部分

### 6.1.1 STEP 光-电-热三场耦合硝基苯降解条件

含硝基苯废水降解实验的特征在于太阳能光-电-热三场之间的协同作用,即 STEP 太阳能-热能+太阳能-电能+二次阳极氧化 $TiO_2$ NT(E-carbon/二次阳极氧化 $TiO_2$ NT)光催化降解硝基苯的过程。降解反应在所制备的 In-situ TPEC-MRA 装置中进行原位降解反应,二次阳极氧化 $TiO_2$ NT(E-carbon/二次阳极氧化 $TiO_2$ NT)电极(1.0cm×2.0cm)作为工作电极,Pt 电极(1.0cm×2.0cm)作为对电极。

实验前将中心电极放入装置后，在反应温度时黑暗不通电的条件下静置10min，以达到催化剂、电极和溶液间的吸附-解吸的平衡状态。通过太阳能半导体光伏电池发电，产生 1.2V 电压对电极提供电能。通过紫外光照射石英反应装置，使其紫外光充分通过反应装置器壁到达光催化电极表面。通过太阳能集热器转化太阳光谱红外部分能量产生热能，用于为反应装置加热，并通过温控装置调节反应温度。对所降解后的产物中硝基苯的浓度进行检测，以观测硝基苯的降解效果。

## 6.1.2　STEP 光-电-热三场耦合硝基苯降解装置

通过对原有的 In-situ TEC-MRA 装置进行升级改造，使原有装置在太阳能热-电化学反应实验装置＋太阳能热-电反应监测装置的基础上，升级为太阳能光-电-热三场化学反应装置＋光-电-热反应监测装置的综合装置，即原位光-电-热微反应分析仪 (integrated in-situ thermophotoelectrochemical microreactor-analyzer, In-situ TPEC-MRA)，降解反应在所制备的中进行原位降解反应的同时，通过紫外-可见光分光光度计检测反应的进行。原位光-电-热微反应装置如图 6-1 所示。

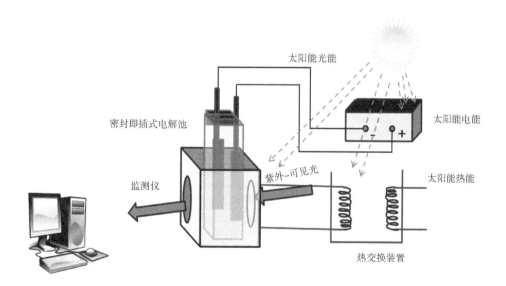

图 6-1　原位光-电-热微反应装置

## 6.2 结果与讨论

### 6.2.1 STEP 光-电-热三场耦合有机废水降解模型

#### 6.2.1.1 STEP 光-电-热三场耦合模式

有机废水的氧化降解反应，例如电化学和光催化等氧化反应过程，均为高能垒反应。为了穿越势垒，需要大量的能量使反应物分子达到过渡态，这个能量称为反应所需活化能。当反应温度升高时，根据热力学理论计算，反应初始阶段的势能升高，使势垒更容易穿越。因此，提高反应溶液的温度可以加快电化学和光催化氧化过程。但是由于外部介质加热会导致额外的能量消耗，因此，依靠化石能源提供热能以利于电化学和光催化氧化有机污染存在着很多弊端和局限性。

太阳能由于其丰富性、低成本和低碳排放等优点可大量应用于有机废水的氧化。通过这样的转化方式，光热电化学过程能够充分利用太阳能全光谱能量来进行有机废水的降解，将太阳能三场能量相耦合：热场、光场和电场能量，使之协同匹配应用来进行有机废水的降解反应，从而从根本上提高太阳能利用率和有机废水的降解率。如果有机污染物的氧化反应依赖于单场能量作为全部源，则需要大量的能量来维持反应，同时由于受到太阳能-热能/太阳能-电能自身转化率的局限，这种利用方式很难得到较高的太阳能的转化效率。STEP 三场协同作用耦合模式如图 6-2 所示。

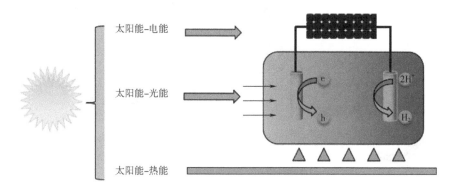

**图 6-2 STEP 三场协同耦合模式**

多场驱动的热电化学的概念，耦合匹配了热活化作用，光激发作用于电驱动电子转移过程，光-电-热三场的能量同时作用于体系的阳极上，在这里将其称为

"中心电极（central electrode）"，中心电极在体制中发挥了决定性的作用，它的性质决定了太阳能利用的高低和氧化水中有机污染物的效率。

在中心电极表面发生的氧化反应过程中，所有的能量均来自于太阳能，没有其他能量形式的输入，太阳能热、太阳能电和太阳能光（UV）部分的太阳能被协同耦合以提高氧化速率。硝基苯的氧化反应是热力学上的吸热反应，太阳热的加入降低了电解电位，而光在中心电极上的活化应用有利于提高太阳能硝基苯的降解效率。在硝基苯的氧化过程中，在中心电极的作用下，结合太阳能热化学、电化学和光化学反应，高效匹配三场能量协同促进的有机废水的降解速率。

### 6.2.1.2　STEP 光-电-热三场耦合能级

太阳能光-电-热三场驱动有机废水降解过程能级的示意图如图6-3所示。

通常的化学反应都发生在单一场的作用下，如热场（即热化学反应）、电场（即电化学反应）和光场（即光催化反应）。通过理论和实验研究，已经证实了STEP 化学过程的概念在热-电两场耦合协同作用处理有机废水中是适用的，而且是高效的。为了进一步提升有机废水的处理效果，同时也提高整体太阳能的转化效率，拟将原 STEP 热-电两场耦合协同作用的概念进行拓展，将光催化的概念加入到其中。STEP 模式中，在中心电极的表面涉及反应物的热化学、电化学和光化学协同作用共同完成。

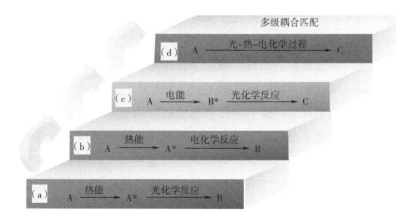

图6-3　太阳能光-电-热三场驱动有机废水降解过程能级的示意图

由图 6-3 可以看出，通常两场作用化学过程根据能级不同主要分为以下三种。

（1）热助光催化。反应物在热能的作用下得到活化，反应物分子呈现出高能激发的状态变为含能分子，然后正向作用于光催化。

（2）热电化学或者热作用下诱导电化学。反应物在热能的作用下得到活化，反应物分子呈现出高能激发的状态变为含能分子，然后正向作用于电化学反应。

（3）光电催化。电作用下诱导光催化反应或光催化诱导条件下电化学反应。具体区分的根据是看哪种作用条件在反应过程中起到主导作用。反应物分子在光催化的作用下呈现出高能激发的状态变为含能分子，然后正向作用于电化学反应。

光-电-热化学过程三场的作用模式如图 6-3（d）所示，一直较少被涉及和应用，该过程通过将热活化、光催化和电化学驱动的电极反应三者的作用相结合，从根本上提高反应物的降解效率和太阳能的利用率。

### 6. 2. 1. 3　STEP 光-电-热三场耦合控制

太阳能 STEP 化学过程光-电-热三场耦合通过严格的技术控制，调节三场能量对不同化学反应的特定通量。STEP 化学过程优化的总体目标是通过控制各场能量通量来提高太阳能利用率和化学反应效率。关键因素包括特定的化学反应本身、太阳能光谱分布和太阳能各种形式能量转换效率以及协同耦合组合。主要依赖于给定的反应物和产物的类型，以及主导的次级化学反应。因此，太阳能的模式和通量主要由太阳分布和转换效率来控制。通过预算和平衡能量和反应，其他能量通量和次级化学反应与主要化学反应相耦合，以提高太阳能利用和化学反应。

根据反应对光-电-热反应条件的敏感性，在光化学、热化学、电化学过程中选择一种或几种作为主要反应。在次级化学反应过程中，可以通过相应的太阳能模式和通量匹配。优化条件的子通量根据最高太阳能转化效率的原则加以优先采用，其顺序为：光通量、热通量和电通量，而化学反应的效率取决于具体的化学反应对光化学、热化学、电化学过程或匹配化学反应的选择性。

对于目前的次级化学反应，除了利用催化剂进行的光催化反应以外，还存在一些直接的利用光能的化学反应，但这些反应的效率都十分有限，而通常的热化学反应只能在高温条件下进行。在诸多的成熟反应过程当中，电化学起到控制性作用的反应占大多数。特别是对于吸热反应过程来说，反应过程中太阳能热能的大量投入可以大大降低电化学反应电位，这个作用有利于电解反应的高效进行。因此，通常的反应过程的主控反应均集中在电化学反应过程。

根据光-电-热三种能量通量的转化率和不同反应类型的角度来分析，三种通量之间需要根据特定的反应加以匹配以达到最佳的反应效率。对于单一太阳能通量而言，热通量在反应中只能使反应物分子得到活化，以有利于接下来的反应。电通量可以驱动氧化反应的发生，光通量可以直接驱动光催化反应，但是反应的效率一直相对较低。对于两种，通量组合反应，需要热电通量、光热通量和光电通量两两组合，即太阳能热诱导光催化、热致电化学和电致光催化以及光热诱导光电化学等各种模式，可用于化学反应的高效耦合。然后可以由此推导出一个最佳的协同耦合太阳能能量通量耦合系统。

总之，太阳能多处耦合化学过程可以通过调整匹配太阳能-光、太阳能-热、太阳能-电转换效率的分布来调整太阳能利用率。对于特定的目标化学反应来说，化学效率和选择性可以通过调控主导控制主反应类型、副反应类型以及各反应间能量通量来加以控制，协同控制太阳能三种转化形式能量的通量和次级化学反应，以提高太阳能利用和化学反应。

## 6.2.1.4　STEP 光-电-热三场耦合效率

太阳能利用的整体效率的计算以公式来表达的话，应该是太阳能转换效率乘以化学反应效率，其中，太阳能转换效率包括为热通量、光通量和电通量；化学反应效率包括单独的光化学效率、热化学效率和电化学效率，或者它们之间的组合。

对于太阳能-光通量，由于它的利用属于不经过光学元件转化直接利用，所以效率可以看作 100%；太阳能-热通量目前的最高转化效率为 65%～80%，太阳能-电通量的最高转化效率达到了 40%。太阳能-电通量对于化学反应的适配性要远远高于太阳能-热通量和太阳能-光通量，而化学反应的效率是基于反应自身对不同种形式的敏感性。因此，对于多场驱动的化学反应来说，太阳能转换效率如下。

（1）在分光模式下

$$\eta_{STEP转换} = \eta_{STEP光} + \eta_{STEP电} + \eta_{STEP热} \tag{6-1}$$

（2）在全光谱分通量模式下

$$\eta_{STEP转换} = \eta_{STEP光} \times \eta_{STEP电} \times \eta_{STEP电} \tag{6-2}$$

这里 $\eta_{STEP转换}$ 是指太阳能的整体转换效率，$\eta_{STEP光}$，$\eta_{STEP电}$ 和 $\eta_{STEP热}$ 分别为太阳能-光通量、太阳能-电通量和太阳能-热通量的转换效率。

## 6.2.2 STEP 光-电-热三场耦合有机废水降解结果与分析

为了比较光-电-热三场协同耦合作用于有机废水降解的效果，首先实验分析测定了光、电、热单场分别作用于有机废水降解的效果。

（1）当使用太阳能-热场（60℃）单独作用于含硝基苯有机废水的降解实验时，在该温度下进行 60min 后，其紫外-可见光吸收光谱的特征吸收峰（267nm）未发生明显变化，0min 和 60min 两条曲线完全重合，即热作用并没有导致额外的硝基苯发生降解，所以认为其在太阳能-热场能量作用下并未发生降解作用。

（2）当使用太阳能-电场单独作用于含硝基苯有机废水的降解实验时，在反应电压为 1.2V，温度为 30℃条件下，利用铂电极为电极，紫外-可见光吸收光谱如图 6-4 所示，沿箭头方向分别为反应 0min，30min，60min 曲线。

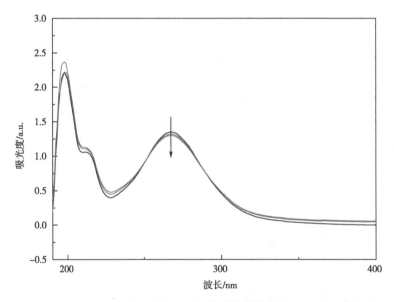

**图 6-4　利用太阳能-电场单独作用氧化硝基苯的紫外-可见光吸收光谱**

在该电解电压条件下进行 60min 后，其紫外光谱的特征吸收略有下降。根据计算 30min 时的降解率为 2.2％，60min 时的降解率为 3.6％。

（3）当使用太阳能-光场单独作用于含硝基苯有机废水的降解实验时，紫外-可见光吸收光谱如图 6-5 所示。反应温度为 30℃条件下，利用 E-carbon/二次阳极氧化 TiO₂ NTs 为光催化剂，在该光照条件下进行 60min 后，其紫外光谱的特征吸收峰有较为明显的下降。根据计算 30min 时的降解率为 64.9％，60min 时的降解率为 92.3％。

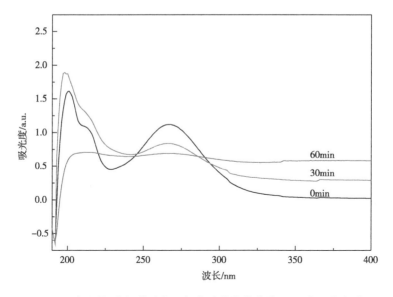

图 6-5　太阳能-光场单独作用氧化硝基苯的紫外-可见光吸收光谱

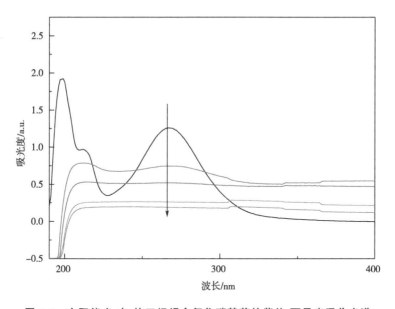

图 6-6　太阳能光-电-热三场耦合氧化硝基苯的紫外-可见光吸收光谱

　　在太阳能 STEP 化学过程光-电-热三场耦合作用条件下，使用 E-carbon/二次阳极氧化 TiO₂ NTs 为电极时硝基苯在 In-situ TPEC-MRA 装置中，电解电压为 1.2V，反应温度为 60℃条件下，通过太阳能光-电-热三场的耦合匹配的硝基苯氧化降解的应用中，可以观察到三场之间协同作用的效果要明显大于三场分别作用时得到的降解率。图 6-6 为随时间变化的紫外-可见光吸收光谱曲线，沿箭头分别为反应 0min、15min、30min、45min、60min 曲线。从图中可以看出，当使用 E-carbon/二次阳极氧化 TiO$_2$ NTs 作为中心电极进行 STEP 化学过程光-电-热三场耦合作用降解硝基苯时，在反应时间仅为 15min 时，硝基苯的紫外特征吸收峰已经接近于消失，降解率达到了 88.1%，在反应进行了 30min 后，根据紫外峰值的计算降解率已经达到了 100%，显著大于光、电、热单场降解的硝基苯的总和（64.9%＋2.2%＋0%）的降解率。

硝基苯的氧化降解过程是一个吸热反应，太阳能-热能在反应过程中的投入量的增加不仅有利于热力学在氧化还原电位降低，而且增强了反应动力学速率，整个降解反应的进程在光-电-热三场的协同作用下被大大提升了，反应仅仅进行了不到 0.5h，有机废水中的目标污染物已经达到了完全降解，这对于实际太阳能降解有机废水的应用来说，是一个关键的技术优势和能量优势。

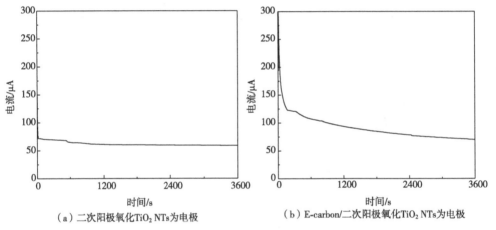

(a) 二次阳极氧化 TiO$_2$ NTs 为电极　　(b) E-carbon/二次阳极氧化 TiO$_2$ NTs 为电极

图 6-7　太阳能 STEP 光-电两场耦合 1.2V、30℃条件下不同电极的电流曲线

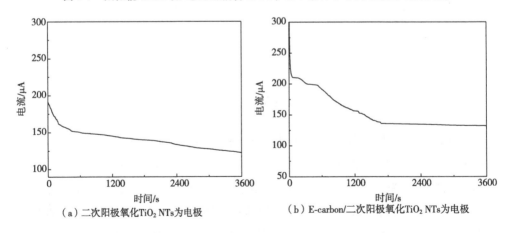

(a) 二次阳极氧化 TiO$_2$ NTs 为电极　　(b) E-carbon/二次阳极氧化 TiO$_2$ NTs 为电极

图 6-8　太阳能 STEP 光-电-热三场耦合 1.2V、60℃条件下不同电极的电流曲线

根据图 6-7 和图 6-8 的测量结果，体系中投入能量为：

$W(1.2V,30℃,$ 二次阳极氧化 $TiO_2\ NTs)=UIt=1.2V×430324.85×10^{-6}A·s$ $=0.52J$

$W(1.2V,30℃,E\text{-}carbon/$ 二次阳极氧化 $TiO_2\ NTs)=UIt=1.2V×570604.51×$ $10^{-6}A·s=0.69J$

$W(1.2V,60℃,$ 二次阳极氧化 $TiO_2\ NTs)=UIt=1.2V×902502×10^{-6}A·s$ $=1.08J$

$W(1.2V,60℃,E\text{-}carbon/$ 二次阳极氧化 $TiO_2\ NTs)=UIt=1.2V×1011656.29×$ $10^{-6}A·s=1.21J$

从能量的角度来分析太阳能 STEP 光-电-热三场耦合过程，从计算结果可以看出，在反应的条件一致时，利用新型的 E-carbon/二次阳极氧化 $TiO_2$ NTs 复合电极作为降解过程的中心，可以大大提高太阳能利用效率。太阳能-电能为反应提供了稳定的电位（1.2V），电场的作用能促进电子的转移，而太阳光的紫外光为 $TiO_2$ 电极的光催化提供了有能量的辐射，电极表面 E-carbon 的协同作用加速电荷的分离和物质的传递。因此，太阳能-热能为氧化硝基苯提供足够的能量。在这种情况下，硝基苯的氧化率和太阳能的利用率得到了根本上的大幅度提升。因此，在太阳能光-电-热三场协同匹配应用为太阳能的利用提供了一条高效的途径。

## 6.2.3 STEP 光-电-热三场耦合有机废水降解机理研究

太阳能 STEP 光-电-热三场耦合条件下的能级分析如图 6-9 所示。

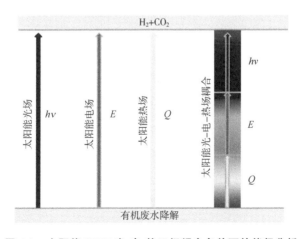

**图 6-9 太阳能 STEP 光-电-热三场耦合条件下的能级分析**

当利用单场作用进行有机废水的降解反应时，跨越反应所需的能级高度需要投入大量的能量，由于有机物的降解反应通常都是热力学计算的吸热反应，除了通过理论计算需要的能量以外，还需要大量的活化能来跨越反应势垒，所以由单场提供能量时，这个能量的总量需要非常大，通过实验证实了以下几点。

（1）在单独热场作用60℃条件下进行反应1h后，体系中硝基苯基本未发生变化。如果进一步提高温度，在敞开体系中进行有机废水的降解时，在大部分高原地区温度超过90℃时水就可能会沸腾，一方面水及其体系中的有机物的挥发作用十分明显，一方面也给工业操作带来很大的实际运行困难。如果在封闭加压的系统中进行有机废水的降解，通过提升体系的压力可以控制温度达到100℃以上的条件再进行反应，但这样的话对整体水处理装置的技术要求十分高，可能短期内难以实现工业操作运行改造，同时系统运行后期维护的生产成本和技术成本也是很大的难题。

（2）在单独电场1.2V条件下进行1h后，体系中硝基苯的降解率不足5%，这对于实际的工业生产而言，是远远达不到废水处理的标准的。如果进一步提高电场的电压，确实可以提升体系中各种有机物的降解率和降解速率，实验中尝试将电压值提升到3.0V，但是在这样的条件下进行反应就在电极的表面能够观察大量的气泡，反应进行1h后体系中水量的减少也十分明显，说明反应过程中伴随着大量水的分解生成了$O_2$和$H_2$。虽然$H_2$是一种非常好的清洁燃料，但是在通常的废水处理过程中，并不配置气体回收装置，而且由于废水的成分非常复杂，在实际的电解过程当中，可能会产生多种气体，如果想要将产生的$H_2$加以回收利用，还需要进一步的提纯反应，处理的成本也会进一步增加。根据之前的论述可知，当使用大于水的电解电压进行有机废水处理时，有一部分能量被用于水的分解反应，而水的分解反应产生的$H_2$如果不能得到有效的回收利用的话，势必导致大量能源的浪费，所以从实际工作的角度出发，这也是非常不可取的。

（3）在单独光场条件下进行1h后，应用改进后的E-carbon/二次阳极氧化$TiO_2$ NTs作为光催化，体系中硝基苯的降解率较高，说明硝基苯对光场降解的敏感性，但从能量利用的角度上来说，光催化只能利用太阳光谱中紫外和小部分可见光区的辐射，对大部分可见光和红外部分的太阳光辐射并不能加以利用，而紫外区（<0.4μm）所具有的能量只占达地球表面太阳辐射总能量的7%，所以单独应用光催化的方法来进行有机废水的降解，不可能达到高效利用太阳能这一主要目的。

所以，为了能够同时达到太阳能高利用率和有机废水高降解率的目标，必须将三场的能量综合起来，使其得以有效的分配利用，太阳热对反应的增加不仅有利于氧化还原电位的降低，而且有利于反应动力学的增强。太阳电池提供了 1.2V 的稳定电位，可促进电子的转移，紫外光部分为光催化提供了光致电子和空穴的分离，因此，在太阳能多场耦合匹配，协同驱动的光热电化学模式对含硝基苯有机废水的降解提供了太阳能利用的有效途径。

半导体电极作为中心电极，根据多场驱动的光热电化学理论，复合结构的中心电极同时进行着光化学、电化学和热化学三种不同的化学反应过程，其机理如图 6-10 所示。

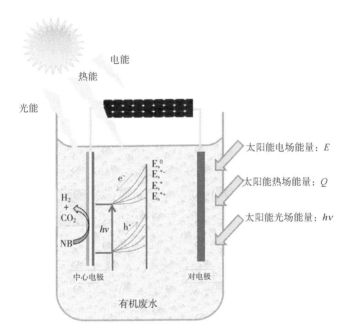

**图 6-10　多场驱动的光热电化学降解硝基苯机理**

图 6-10 显示了在多场协同驱动的作用下，在中心电极的空间电荷层发生的变化。$TiO_2$ 是一种 N 型半导体，当表面施加正向电场作用于 $TiO_2/Ti$ 型结构电极时，电场的作用能够有利于光生电子和空穴的分离，有利于电荷的加速传导，可以正作用于光催化反应。在图中，$Es^0$ 是黑暗条件下，是不施加外加电场时的能带位置，$Es^*$ 是在光照条件下，是不施加外加电场时的能带位置，$Es^{*+}$ 是在光照条件下，施加正向电场时的能带位置，$Es^{*-}$ 是在光照条件下，施加负向电场时的能带位置。从图 6-10 中可以看出，当在电极上施加正向作用的电场时，表面光电压显著增加电子与空穴的分离效率和速率，抑制光生电子和空穴的复合，增加光催

化氧化降解硝基苯速率，同时体系的温度的增加，有利于硝基苯在溶液中的传质作用的加速，使硝基苯的降解率得到一个短时间内激增的效果。所以，在太阳能 STEP 光-电-热三场耦合的协同作用之下，太阳能的利用率和有机废水的降解得到了同时的提升。

## 6.3　本章小结

本书将太阳能光-电-热三场能量耦合应用于氧化处理有机废水的实验模式中，同时通过调配三场能量通量，寻求太阳能利用的高效耦合模式，并将 E-carbon 负载改性的 $TiO_2$ 纳米管电极作为中心电极应用于有机废水的降解过程当中，最大限度地利用太阳能进行有机废水的降解反应。研究全光谱利用太阳能能量，耦合匹配作用与同一反应当中，即将太阳光紫外部分能量应用与光催化剂进行反应，可见光部分能量应用于太阳能电池发电及红外光部分能量应用于太阳能集热器生热，当三种能力同时利用耦合在一个反应中，得到有机废水的高效彻底降解。

结果表明，在太阳能光-电-热三场耦合作用下，硝基苯的降解更为迅速彻底，当外加电场电压为 1.2V，反应体系为 60℃ 的条件下，仅降解 15min 就达到了88.1％ 的降解效率。反应中太阳热能降低了硝基苯降解的电解电压，由光伏电池产生的外加电场，促进了光生电子-空穴对的分离，同时也抑制了它们的再次复合，使得 $TiO_2$ 的光响应范围扩展到了可见光区，明显提升了 $TiO_2$ 的光催化活性，而热的作用增加了硝基苯在体系中的传质作用，在光-电-热三场耦合的系统过程当中，显著地增加了有机废水的降解效率。太阳能光-电-热三场耦合在硝基苯降解过程中起到协同作用。

# 第7章
# 结论与展望

为了提高太阳能的综合利用效率和有机废水的降解效率，本书提出采用太阳能热-电两场耦合模式进行有机废水的降解，进行了热力学计算理论验证反应热对化学过程的辅助作用，确定了太阳能热-电耦合降解有机废水的反应条件。在此基础上提出采用太阳能光-电-热三场耦合作用，并基于二氧化钛纳米管阳极进行负载改性，进一步提高了太阳能利用效率和有机废水的降解效率。

## 7.1 主要结论

（1）建立了太阳能 STEP 热-电耦合氧化处理有机废水的反应模式，以及太阳能 STEP 光-电-热三场耦合的反应模式。结合 STEP 理论进行反应的热力学分析，热力学计算结果表明有机废水的降解过程为吸热反应，体系的温度升高有利于反应的正向进行，同时有机废水的降解反应为非自发过程，必须对体系提供能量才能够发生反应。

（2）提出了将太阳能 STEP 热-电两场的化学过程相耦合，作用于有机废水的降解过程（以 SDBS 和硝基苯的降解为例）。通过实验证明了理论分析的正确性，目标有机物的降解效率随着热能部分的投入的增加，其降解效率不断增大。通过实验测定以及现实条件分析，确定了降解模拟含 SDBS 有机废水的最佳条件，通过对降解过程及产物的分析，得知太阳能-热能的大量投入改变了反应的整体历程。在 5g/L 氯化钠为电解质的体系中，在温度为 90℃的 STEP 模式下降解 60min 后，SDBS 的降解率增加了 21.6%，矿化率增加了 3 倍，体现了 STEP 热-电两场耦合模式对含 SDBS 废水降解的实用性以及适配性。在全户外条件下进行的真实 SDBS 废水的降解过程，也说明了 STEP 热-电两场耦合模式是一种绿色高效的利用太阳能进行有机废水降解的模式。

同时还通过实验测定了 STEP 热-电两场耦合匹配理论在降解含硝基苯有机废

水中的应用，由于硝基苯是一种高毒性且非常难以降解的有机物，所以将其选定为目标降解物。实验证明 STEP 理论对含硝基苯有机废水的降解同样具有适配性且高效性的特点，在应用 STEP 热-电两场耦合理论的条件下，在无任何化学药剂的添加以及能量投入的情况下，硝基苯的降解率达到了 81.2%，其 COD 的去除率 76.1%。同时根据一级动力学方程拟合计算的直线反应速率，$k_{90℃}$ 约为 $k_{30℃}$ 的两倍。

（3）为了分析不同条件下机理具体变化的关键点，提出和设计了一个集成化的原位热电化学微分析仪，即 In-situ TEC-MRA。利用 In-situ TEC-MRA 装置在稳态的条件下，着重研究关于硝基苯氧化过程当中的具体信息，包括氧化过程中详细的机理已经具体的路径分析，氧化过程中太阳能电能和太阳能热能投入比例对于降解效率直接的量化关系以及中间体产生的时间。利用 In-situ TEC-MRA 装置完成 STEP 热-电耦合两场作用的应用，把温度当作一个反应的条件矢量来加以细致的研究，实时原位检测了反应温度对于反应效率、反应中间体及产物、反应能量需求比例等性能的影响，提供了一个全新的、高效快速检测有机废水降解过程的方式，展示出广阔的发展和应用前景。

（4）为了能够将太阳能光、电、热三场耦合应用于同一反应当中，建立氧化处理有机废水的实验模式，研究了将原位生长于金属钛片上的二氧化钛纳米管作为电极，应用于光催化降解废水中的有机物，通过结构改性和表面修饰来提高光催化剂的光催化性能，最大限度地利用太阳辐射中紫外部分及部分可见光的能量进行有机物的降解。

实验中首先对 $TiO_2$ NTs 进行结构改性，通过二次阳极氧化的方法制备出套管结构的二次阳极氧化 $TiO_2$ NTs，大大增加了钛片表面原位生长的 $TiO_2$ 纳米管的比表面积，并扩宽了光响应范围。分别采用经一次和二次阳极氧化制备的 $TiO_2$ NTs 对硝基苯进行光催化降解，在降解 2h 后，使用二次阳极氧化 $TiO_2$ NTs 光催化的硝基苯溶液的降解率可达 66.95%，而使用一次阳极氧化 $TiO_2$ NTs 进行催化的硝基苯溶液降解率只有 42.31%。通过动力学计算可知其光催化降解硝基苯反应速率提升了约两倍，说明了二次阳极氧化 $TiO_2$ NTs 具备比一次阳极氧化 $TiO_2$ NTs 更高的光催化活性，能更快地降解水体中的有机物。

（5）为了进一步提升 $TiO_2$ 纳米管的光催化效果，对二次阳极氧化 $TiO_2$ NTs 进行改性处理，分别采取金属离子负载以及非金属离子负载的方法，实验结果表明，与未改性的二次阳极氧化 $TiO_2$ NTs 相比，均获得了更加良好的光催化效果。首先对其进行了贵金属离子掺杂，实验选择了 Ag、Au、Pt 三种贵金属对二次阳极氧化 TiO₂ NTs 进行改性，与未掺杂的二次阳极氧化 TiO₂ NTs 和其他贵金属粒子掺杂的二次阳极氧化 TiO₂ NTs 相比，Pt/二次阳极氧化 TiO₂ NTs 作为催化剂时具有最高的光催化降解率，当光催化降解反应 2h 后，其光催化降解率可达 86.7%，与未掺杂改性的相比其效率提升了 20%，说明了其具有最高的降解有机物的光催化活性。

考虑到贵金属掺杂的经济性原因，为了能够使催化剂的应用存在更为广阔的空间，拟采用一种更为环保低价的方法来进行光催化剂的改性处理。实验中采用电解熔融碳酸盐过程在二次阳极氧化 TiO₂ NTs 的表面负载单质碳，即 E-carbon。由于 E-carbon 的独特的电化学生长机制，其与二次阳极氧化 TiO₂ NTs 之间的存在电化学连接，可以解决原来二次阳极氧化 TiO₂ NTs 的套管结构中电子传递距离不一致的问题。当使用 E-carbon/二次阳极氧化 TiO₂ NTs 作为催化剂时在 In-situ TEC-MRA 装置中进行硝基苯溶液的催化降解，硝基苯的氧化效率在 1h 内达到了 92.3%，同时其反应速率常数大约为二次阳极氧化 TiO₂ NTs 作为催化剂时速率常数的 2.3 倍，光催化的效果得到了明显的提升。

（6）提出将 STEP 全光谱利用太阳能光-电-热三场耦合应用于氧化处理有机废水的实验模式当中，同时通过调配三场能量通量，寻求太阳能利用的高效耦合模式，并将 E-carbon/二次阳极氧化 TiO₂ NTs 作为中心电极应用于有机废水的降解过程当中，最大限度地利用太阳能进行有机废水的降解反应。研究全光谱利用太阳能能量，耦合匹配作用与同一反应体系当中，即将太阳光紫外部分能量应用与光催化剂进行反应，可见光部分能量应用于太阳能电池发电及红外光部分能量应用于太阳能集热器生热，当三种部分能量同时利用耦合在一个反应中时，得到有机废水的高效彻底降解。结果表明，在太阳能 STEP 光-电-热三场耦合作用下，硝基苯的降解更为迅速彻底，仅降解 15min，就达到了 88.1% 的降解效率，显著地增加了太阳能的利用率与有机废水的降解率。

## 7.2　未来展望

水污染是全球性的问题，随着工业的不断发展，水污染的情况也愈加严重。由于水污染导致的事故不断出现，会造成农业减产、工业停产，出现严重的经济损失，对社会影响也是极为不利的，会威胁到社会以及人类的生存发展。近些年来，生态环境保护等逐渐得到重视，政府也积极投入人力物力，积极开发污水处理的新技术、新工艺，使得工业废水得到了更好的处理。

有机废水的种类繁多，成分复杂，相对而言对环境的影响更大，处理难度也较高。我国经济尚处于发展之中，特别是在制药、印染、化工等领域，其产品的附加值不高，属于低端的产品较多，因而单位产值的产污量很大，更需要寻求经济有效的方法来解决污水的污染问题，以满足更加严格的污水排放标准的要求。目前，严重的环境问题目前已经对人类的生存构成了严重的威胁。人们已经开始认识到，要保持社会经济的可持续发展，必须认真地、有效地保护环境，在经济建设过程中，必须给环境保护以一票否决权。

STEP 理论是将光-电-热三者有机结合，是一种持续稳定的系统，可以广泛应用于不同污水系统的处理，尤其是常规方法无法处理的有机污水。最主要的原因是在 STEP 中涉及了电化学系统，常规的分解反应在常温常压的条件下也许很难发生，但是在 STEP 电化学系统中，由于多场能量协同作用于废水体系，降解过程的难易程度和进程都能得到较大的改进。

STEP 方法在处理有机废水的过程中通常需要以下工作。

（1）根据太阳能系统研究，构建太阳能 STEP 过程处理污染物的系统模型。通过调节隙带来为电解反应提供相匹配的能量不同，STEP 过程通过调节电解反应所需要的氧化电势来更好地适应隙带。随着反应温度升高电解电势降低的电解反应，可以通过 STEP 高温途径来降低反应过程所需能量。STEP 过程不仅可以有效利用太阳光中的可见光部分来提供反应所需能量，还可以有效利用太阳光中的热组分促进反应进行并提供热能，所以 STEP 过程可使太阳能被高效利用。因此，与通过调整隙带来为反应提供合适的能量相比，STEP 过程调整反应所需的电解电势来适应隙带。

（2）对太阳能 STEP 过程降解污染物废水进行理论计算。太阳能 STEP 过程利用太阳能的光-热效应、光-电效应，以高温电解为核心，实现对污染物的氧化降解。对于吸热反应，温度升高有利于反应的正向进行。太阳能加热可以降低电解过程发生所需的能量。这些过程可以通过有效熵 $S$、焓 $H$ 以及自由能 $G$ 等数据确定，并且从电池电势的负等温系数判定这些过程是吸热过程。

（3）通过实验考察多种常用的电极对污染物电化学氧化的催化活性及稳定性，确定污染物的最佳工作电极。

（4）使用优选出的阳极材料考察污染物反应温度、污染物初始浓度、pH 值、电解质浓度和电流效率对污染物降解率和废水 COD 去除率的影响，确定最佳的反应条件。

（5）通过最佳反应条件下的室外太阳能 STEP 过程对污染物的处理，为太阳能 STEP 过程在污染物废水处理工艺方面的研究提供了理论依据。

（6）通过对污染物降解产生的气体进行气相色谱分析，从而确定太阳能 STEP 过程是否能完全降解污染物废水。

（7）通过对降解后的污染物溶液进行紫外光谱及高效液相色谱分析，判断污染物的降解历程，进而确定降解机理。这是确定降解本质的关键步骤，也有利于建立降解模型。

（8）通过对污染物降解后污染物浓度进行动力学分析，判断污染物降解反应是否为一级反应，进而确定反应速率常数。

利用太阳能 STEP 理论，建立一种高效、节能、可持续地处理污染物废水技术，建立太阳能 STEP 过程处理污染物废水的理论、模式和方法，实现太阳能的高效利用。无论从污水处理的方式，还是从绿色环保的能源角度，高效全面利用太阳能将是未来污水处理的主要能源来源方式，可以大规模生产使用。太阳能 STEP 过程利用全谱段的太阳能降解有机废水，同时可以不产生碳足迹，从根本上解决人为因素造成的全球气候变暖问题，为节能减排、二氧化碳资源化、太阳能综合利用提供新途径，是治理水污染，保证世界经济实现可持续绿色发展的必然选择。

# 参考文献

[1] 张弛. 人类文明进程中能源利用历史的量化分析 [J]. 能源研究与管理, 2013, 2: 8-11.

[2] 许红星. 我国能源利用现状与对策 [J]. 中外能源, 2010, 15 (1): 3-14.

[3] 孟其林. 世界主要国家石油产量排名 [J]. 海洋石油, 2010, 1: 100.

[4] 胡秀莲, 刘强, 姜克隽. 中国减缓部门碳排放的技术潜力分析 [J]. 中外能源, 2007, 12 (4): 1-8.

[5] 李申生. 太阳常数与太阳辐射的光谱分布 [J]. 太阳能, 2003, 4: 5-6.

[6] DUFFIE J A, BECKMAN W A, MCGOWAN J. Solar engineering of thermal processes [M]. Wiley, 1980.

[7] GREEN M A, EMERY K, HISHIKAWA Y, et al. Solar cell efficiency tables (Version 45) [J]. Progress in Photovoltaics Research & Applications, 2015, 23 (1): 1-9.

[8] 罗运俊, 何梓年, 王长贵. 太阳能利用技术 [M]. 2 版. 北京: 化学工业出版社, 2014.

[9] AZZOPARDI B, EMMOTT C J M, URBINA A, et al. Economic assessment of solar electricity production from organic-based photovoltaic modules in a domestic environment [J]. Energy & Environmental Science, 2011, 4 (10): 3741-3753.

[10] TRIEB F, LANGNIB O, KLAIB H. Solar electricity generation: a comparative view of technologies, costs and environmental impact [J]. Solar Energy, 1997, 59 (1-3): 89-99.

[11] CALDWELL M M. Solar UV irradiation and the growth and development of higher plants [J]. Photophysiology, 1971, 131-177.

[12] MORRIS D P, ZAGARESE H, WILLIAMSON C E, et al. The attenuation of solar UV radiation in lakes and the role of dissolved organic carbon [J]. Limnology and Oceanography, 1995, 40 (8): 1381-1391.

[13] NEPPOLIAN B, CHOI H C, SAKTHIVEL S, et al. Solar/UV-induced photocatalytic degradation of three commercial textile dyes [J]. Journal of Hazardous Materials, 2002, 89 (2-3): 303-317.

[14] HäDER D P, KUMAR H D, SMITH R C, et al. Aquatic ecosystems: effects of solar ultraviolet radiation and interactions with other climatic change factors [J]. Photochemical & Photobiological Sciences Official Journal of the European Photochemistry Association & the European Society for Photobiology, 2003, 2 (1): 39-50.

[15] 祝玉华, 石凤良, 李力猛. 太阳电池及光伏发电 [J]. 中国现代教育装备, 2008, 6: 54-55.

[16] 袁炜东. 国内外太阳能光热发电发展现状及前景 [J]. 电力与能源, 2015, 36 (4): 487-490.

[17] FANNEY A H, KLEIN S A. Thermal performance comparisons for solar hot water systems subjected to various collector and heat exchanger flow rates [J]. Solar Energy, 1988, 40 (1): 1-11.

[18] 王光伟, 杨旭, 葛颖, 等. 太阳能光化学利用方式及应用评述 [J]. 半导体光电, 2015, 36 (1): 1-6.

[19] 谷笛. 用于太阳能制氢的染料敏化光电系统的研究 [D]. 大庆: 大庆石油学院, 2008.

[20] FUJISHIMA A, HONDA K. Electrochemical photolysis of water at a semiconductor electrode [J]. Nature, 1972, 238: 37-38.

[21] 龚海锋. 光催化剂的应用及前景 [J]. 生物技术世界, 2015, 4: 157-160.

[22] LICHT S. STEP (Solar Thermal Electrochemical Photo) generation of energetic molecules: a solar chemical process to end anthropogenic global warming [J]. Journal of Physical Chemistry C, 2009, 113 (36): 16283-16292.

［23］ LICHT S, WANG B. High solubility pathway for the carbon dioxide free production of iron ［J］. Chemical Communications, 2010, 46 (37): 7004-7006.

［24］ CUI B, LICHT S. Critical STEP advances for sustainable iron production ［J］. Green Chemistry, 2013, 15 (4): 881-884.

［25］ LICHT S. Solar water splitting to generate hydrogen fuel: photothermal electrochemical analysis ［J］. International Journal of Hydrogen Energy, 2005, 30 (5): 459-470.

［26］ LICHT S, WANG B, GHOSH S, et al. A new solar carbon capture process: solar thermal electrochemical photo (STEP) carbon capture ［J］. Journal of Physical Chemistry Letters, 2010, 1 (15): 2363-2368.

［27］ WU H, LI Z, JI D, et al. One-pot synthesis of nanostructured carbon materials from carbon dioxide via electrolysis in molten carbonate salts ［J］. Carbon, 2016, 106: 208-217.

［28］ ZHU Y, WANG B, LIU X, et al. STEP organic synthesis: an efficient solar, electrochemical process for the synthesis of benzoic acid ［J］. Green Chemistry, 2014, 16 (11): 319-339.

［29］ ZHU Y, WANG H, WANG B, et al. Solar thermoelectric field plus photocatalysis for efficient organic synthesis exemplified by toluene to benzoic acid ［J］. Applied Catalysis B Environmental, 2016, 193: 151-159.

［30］ 赵国玺. 表面活性剂物理化学 ［M］. 西安: 西安交通大学出版社, 2014.

［31］ 李青娟. 泡沫分离法分离水中表面活性剂的研究 ［D］. 天津: 天津大学, 2008.

［32］ 郝希龙, 王明花, 张宏忠, 等. 小型光催化滤池降解 SDBS 的实验研究 ［J］. Advances in Environmental Protection, 2013, 3: 36-39.

［33］ ROZZI A, ANTONELLI M, ARCARI M. Membrane treatment of secondary textile effluents for direct reuse ［J］. Water Science & Technology, 1999, 40 (4-5): 409-416.

［34］ 王君, 郭宝东, 张朝红, 等. 纳米锐钛型 $TiO_2$ 催化超声降解 SDBS 溶液 ［J］. 水处理技术, 2005, 31 (9): 21-24.

［35］ 赵景联, 韩杰. 超声辐射 Fenton 试剂耦合法降解直链十二烷基苯磺酸钠的研究 ［J］. 重庆环境科学, 2003, 25 (9): 10-13.

［36］ 李少中. 电催化氧化技术降解有机废水的研究进展 ［J］. 广东化工, 2012, 39 (2): 119-120.

［37］ 余婕, 马红竹, 何文妍, 等. 三维电极体系对 SDBS 模拟生活污水的电催化降解 ［J］. 环境科学与技术, 2014, 10: 126-130.

［38］ 董德明, 李明, 孙家情, 等. 光照下自然水体生物膜产生 $H_2O_2$ 及其对十二烷基苯磺酸钠降解的影响 ［J］. 高等学校化学学报, 2014, 35 (6): 1247-1251.

［39］ 张雨馨, 郭爱桐, 温亚梅, 等. 不同形态铁和锰对光照下自然水体生物膜产生 $H_2O_2$ 及降解 SDBS 的影响 ［J］. 吉林大学学报 (理学版), 2017, 55 (2): 458-464.

［40］ RAJAGOPAL C, KAPOOR J C. Development of adsorptive removal process for treatment of explosives contaminated wastewater using activated carbon ［J］. Journal of Hazardous Materials, 2001, 87 (1-3): 73-98.

［41］ 朱永安. 活性炭吸附法处理含苯胺、硝基苯废水的实验研究 ［J］. 当代化工, 1993, 3: 44-47.

［42］ 郎成明, 吴昊, 孟菊英, 等. 炉渣吸附法处理硝基废水的研究 ［J］. 环境保护科学, 2001, 27 (3): 18-19.

［43］ NAKAI T, SATO Y, TAKAHASHI N, et al. Supercritical $CO_2$ extraction treatment of organic compound in aqueous solution by countercurrent extractor [J] . Journal of Japan Society on Water Environment, 1999, 22 (22): 854-858.

[44] AND A A, TRATNYEK P G. Reduction of Nitro Aromatic Compounds by Zero-Valent Iron Metal [J]. Environmental Science & Technology, 1995, 30 (30): 153-160.

[45] 石金娥, 闫吉昌, 尚淑霞, 等. 二氧化钛纳米粒子和纳米管的合成、表征及对硝基苯的光催化性能研究 [J] . 高等学校化学学报, 2007, 28 (7): 1325-1328.

[46] 卢俊彩, 陈火林, 李首建. 改性纳米二氧化钛的制备及其对硝基苯废水的光催化降解 [J] . 西南大学学报 (自然科学版), 2009, 31 (9): 115-119.

[47] WANG W K, CHEN J J, LI W W, et al. Synthesis of Pt-loaded self-interspersed anatase $TiO_2$ with a large fraction of (001) facets for efficient photocatalytic nitrobenzene degradation [J] .2015, 7 (36): 20349-20359.

[48] 李劲, 叶齐政, 郭香会, 等. 电流体直流放电降解水中硝基苯的研究 [J] . 环境科学, 2001, 22 (5): 99-101.

[49] 刘淼, 冷粟, 陈嵩岳, 等. 改性 $Ti/SnO_2$-Sb 电极降解硝基苯废水 [J] . 高等学校化学学报, 2013, 34 (8): 1899-1906.

[50] 侯轶, 任源. 硝基苯好氧降解菌筛选及其降解特性 [J] . 环境科学研究, 1999, 12 (6): 25-27.

[51] 李轶, 胡洪营, 吴乾元, 等. 低温硝基苯降解菌的筛选及降解特性研究 [J] . 环境科学, 2007, 28 (4): 902-907.

[52] 卢桂兰, 郭观林, 王世杰, 等. 水体中硝基苯厌氧降解微生物的筛选及其降解特性研究 [J] . 农业环境科学学报, 2010, 29 (3): 556-562.

[53] VLYSSIDES A G, LOIZIDOU M, KARLIS P K, et al. Electrochemical oxidation of a textile dye wastewater using a Pt/Ti electrode [J] . Journal of Hazardous Materials, 1998, 33 (5): 847-862.

[54] VLYSSIDES A G, PAPAIOANNOU D, LOIZIDOY M, et al. Testing an electrochemical method for treatment of textile dye wastewater [J] . Waste Management, 2000, 20 (7): 569-574.

[55] BARRERA-DiAZ C, UREnA-NUnEZ F, CAMPOS E, et al. A combined electrochemical-irradiation treatment of highly colored and polluted industrial wastewater [J] . Radiation Physics & Chemistry, 2003, 67 (5): 657-663.

[56] PARK S, VOHS J M, GORTE R J. Direct oxidation of hydrocarbons in a solid-oxide fuel cell [J]. Nature, 2000, 404 (6775): 265.

[57] SOLMAZ R, DoNER A, KARDAS G. Electrochemical deposition and characterization of NiCu coatings as cathode materials for hydrogen evolution reaction [J] . Electrochemistry Communications, 2008, 10 (12): 1909-1911.

[58] SZPYRKOWICZ L, KELSALL G H, KAUL S N, et al. Performance of electrochemical reactor for treatment of tannery wastewaters [J] . Chemical Engineering Science, 2001, 56 (4): 1579-1586.

[59] PANIZZA M. Importance of Electrode Material in the electrochemical treatment of wastewater containing organic pollutants [M] . New York: Springer, 2010.

[60] OHKO Y, SAITOH S, TATSUMA T, et al. Photoelectrochemical anticorrosion and self-cleaning effects of a $TiO_2$ coating for type 304 stainless steel [J] . Journal of the Electrochemical Society, 2001, 148 (1): B24-28.

[61] MANDELBAUM P A, REGAZZONI A E, BLESA M A, et al. Photo-electro-oxidation of alcohols on

titanium dioxide thin film electrodes [J] . Jphyschemb, 1999, 103 (26): 5505-5511.

[62] 周幸福, 李海锋, 魏昀. 一种多孔钛膜光电催化废水反应装置. CN 103159299A [P] .2013.

[63] GUARALDO T T, PULCINELLI S H, ZANONI M V B. Influence of particle size on the photoactivity of Ti/TiO$_2$ thin film electrodes, and enhanced photoelectrocatalytic degradation of indigo carmine dye [J] . Journal of Photochemistry & Photobiology A Chemistry, 2011, 217 (1): 259-266.

[64] 薛峰, 王玲, 薛建军, 等. CdS修饰TiO$_2$纳米管阵列的制备及光催化性能研究 [J]. 稀有金属材料与工程, 2009, 38 (7): 1238-1241.

[65] 陶映初, 陶举洲. 环境电化学 [M]. 北京: 化学工业出版社, 2003.

[66] AND A M P, PALMAS S. Electrochemical oxidation of chlorophenols [J] . Industrial & Engineering Chemistry Research, 1997, 36 (5): 1791-1798.

[67] ZHOU M, WU Z, MA X, et al. A novel fluidized electrochemical reactor for organic pollutant abatement [J] . Separation & Purification Technology, 2004, 34 (1-3): 81-88.

[68] GATTRELL M, KIRK D W. The electrochemical oxidation of aqueous phenol at a glassy carbon electrode [J] . Canadian journal of chemical engineering, 1990, 68 (6): 997-1003.

[69] GREEN M A, EMERY K, HISHIKAWA Y, et al. Solar cell efficiency tables (Version 45) [J]. Progress in Photovoltaics Research & Applications, 2015, 23 (1): 1.

[70] DUFFIE J A, BECKMAN W A, MCGOWAN J. Solar engineering of thermal processes [J]. Journal of Solar Energy Engineering, 1980, 116 (1): 549.

[71] LICHT S, B. WANG A, MUKERJI S, et al. Efficient solar water splitting, exemplified by RuO$_2$-catalyzed AlGaAs/Si photoelectrolysis [J] . Cheminform, 2001, 32 (2): 8920-8924.

[72] LICHT S, HALPERIN L, KALINA M, et al. Electrochemical potential tuned solar water splitting [J]. Chemical Communications, 2003, 24 (24): 3006-3007.

[73] LICHT S, CHITAYAT O, BERGMANN H, et al. Efficient STEP (solar thermal electrochemical photo) production of hydrogen: an economic assessment [J] . International Journal of Hydrogen Energy, 2010, 35 (20): 10867-10882.

[74] DEBETHUNE A J, LICHT T S, SWENDEMAN N. The temperature coefficients of electrode potentials [J] . Journal of the Electrochemical Society, 1959, 106 (7): 616.

[75] LI Q R, GU C Z, DI Y, et al. Photodegradation of nitrobenzene using 172 nm excimer UV lamp [J]. Journal of Hazardous Materials, 2006, 133 (1-3): 68-74.

[76] Greenberg A E, Trussell R R, Clesceri L S, et al. Standard methods for the examination for water and wastewater: supplement to the sixteenth edition [J] . American Journal of Public Health & the Nations Health, 2005, 56 (3): 387-401.

[77] LIANG C, LIN Y T, SHIU J W. Reduction of nitrobenzene with alkaline ascorbic acid: kinetics and pathways [J] . Journal of Hazardous Materials, 2015, 302: 137-143.

[78] HIDAKA H, KUBOTA H, GRAaTZEL M, et al. Photodegradation of surfactants Ⅱ: degradation of sodium dodecylbenzene sulphonate catalysed by titanium dioxide particles [J] . Journal of Photochemistry, 1986, 35 (2): 219-230.

[79] GU D, WANG B, ZHU Y, et al. Photocatalytic degradation of gaseous formaldehyde by modified hierarchical TiO$_2$ nanotubes at room temperature [J] . Australian Journal of Chemistry, 2015, 69 (3): 343-348.

[80] SUN M, REIBLE D D, LOWRY G V, et al. Effect of applied voltage, initial concentration and natural organic matter on sequential reduction/oxidation of nitrobenzene by graphite electrodes [J]. Environmental Science & Technology, 2012, 46 (11): 6174-6181.

[81] 吴红军, 高杨, 王洋, 等. 蝶翅状 Ag/TiO₂ NTs 的制备及气相光催化性能研究 [J]. 东北石油大学学报, 2014, 38 (04): 80-85.

[82] ZHU Z, TIAN Y, CHEN Y, et al. Superamphiphilic silicon wafer surfaces and Applications for uniform polymer film fabrication [J]. Angew Chem Int Ed Engl, 2017, 15: 5720-5724.

[83] TIAN Y, SU B, JIANG L. Interfaces: interfacial material system exhibiting superwettability (Adv. Mater. 40/2014) [J]. Advanced Materials, 2014, 26 (40): 6872.

[84] SONG Y S, YOUN J R, GUTOWSKI T G. Life cycle energy analysis of fiber-reinforced composites [J]. Composites Part A: Applied Science and Manufacturing, 2009, 40 (8): 1257-1265.

[85] REN J, LI F F, LAU J, et al. One-pot synthesis of carbon nanofibers from CO₂ [J]. Nano Letters, 2015, 15 (9): 6142-6148.

[86] MA Y, WANG X, JIA Y, et al. Titanium dioxide-based nanomaterials for photocatalytic fuel generations [J]. Chemical reviews, 2014, 114 (19): 9987-10043.

[87] MAO X, YAN Z, SHENG T, et al. Characterization and adsorption properties of the electrolytic carbon derived from CO₂ conversion in molten salts [J]. Carbon, 2017, 111: 162-172.

[88] IJIJE H, LAWRENCE R, CHEN G. Carbon electrodeposition in molten salts: electrode reactions and applications [J]. Rsc Advances, 2014, 4 (67): 35808-35817.

[89] PARK Y S, LEE E J, CHUN Y S, et al. Long-lived charge-separation by retarding reverse flow of charge-balancing cation and zeolite-encapsulated Ru (bpy) 32+ as photosensitized electron pump from zeolite framework to externally placed viologen [J]. Journal of the American Chemical Society, 2002, 124 (24): 7123-7135.

[90] ZHANG Z, HOSSAIN M F, TAKAHASHI T. Photoelectrochemical water splitting on highly smooth and ordered TiO nanotube arrays for hydrogen generation [J]. International Journal of Hydrogen Energy, 2010, 35 (16): 8528-8535.

[91] LIQIANG J, YICHUN Q, BAIQI W, et al. Review of photoluminescence performance of nano-sized semiconductor materials and its relationships with photocatalytic activity [J]. Solar Energy Materials and Solar Cells, 2006, 90 (12): 1773-1787.

[92] VERBRUGGEN S, DIRCKX J, MARTENS J, et al. Surface photovoltage measurements: a quick assessment of the photocatalytic activity [J]. Catalysis today, 2013, 209: 215-220.

[93] WANG B H, WAN Z Q, WU H J, et al. Surface photovoltage: an efficient tool of evaluation of photocatalytical activity of materials [J]. Advanced Materials Research, 2011, 295-297: 614-617.

[94] ZHANG Z, WANG W, GAO E, et al. Photocatalysis coupled with thermal effect induced by SPR on Ag-loaded Bi₂WO₆ with enhanced photocatalytic activity [J]. Journal of Physical Chemistry C, 2012, 116 (2): 25898-25903.